LES
RUINES DE TIMGAD

ANTIQUE THAMUGADI

Sept Années de Découvertes

(1903-1910)

PAR

Albert BALLU

ARCHITECTE EN CHEF DES MONUMENTS HISTORIQUES
DE L'ALGÉRIE

DIRECTEUR DES FOUILLES

*Ouvrage illustré de 26 planches hors texte dont 3 en couleurs
et de 19 plans.*

PUBLIÉ SOUS LES AUSPICES ET A L'AIDE
D'UNE SOUSCRIPTION DU GOUVERNEMENT GÉNÉRAL
DE L'ALGÉRIE

PARIS

NEURDEIN FRÈRES, IMPRIMEURS-ÉDITEURS

52, AVENUE DE BRETEUIL

1911

à l'ami de Dieth
hommage attaché
A. Ball

à l'ami de Dieth
hommage attaché
A. Ball

LES
RUINES DE TIMGAD

Antique THAMUGADI

———

Sept Années de Découvertes

(1903-1910)

LES
RUINES DE TIMGAD

ANTIQUE THAMUGADI

Sept Années de Découvertes
(1903-1910)

PAR

Albert BALLU

ARCHITECTE EN CHEF DES MONUMENTS HISTORIQUES
DE L'ALGÉRIE

DIRECTEUR DES FOUILLES

---

*Ouvrage illustré de 26 planches hors texte dont 3 en couleurs
et de 19 plans.*

PUBLIÉ SOUS LES AUSPICES ET A L'AIDE
D'UNE SOUSCRIPTION DU GOUVERNEMENT GÉNÉRAL
DE L'ALGÉRIE

PARIS
NEURDEIN FRÈRES, IMPRIMEURS-ÉDITEURS
52, AVENUE DE BRETEUIL

—

1911

A MON AMI

RENÉ CAGNAT

Professeur au Collège de France

Membre de l'Institut

Hommage affectueux.

A. B.

Sept années de Découvertes

à TIMGAD

INTRODUCTION

Il y a vingt et une années que nous sommes à la tête du service des Monuments Historiques de l'Algérie, où nous avons été nommé le 13 août 1889 par M. le Ministre de l'instruction publique et des beaux-arts. Les travaux de fouilles de Timgad, commencés par M. Duthoit en 1880, puis interrompus jusqu'en 1892, ont été repris par nous à cette époque et continués jusqu'ici sans interruption. Aussi, après les deux volumes déjà publiés par nos soins en 1897 et en 1903 (1), sommes-nous en mesure de livrer au public une troisième étude résumant nos travaux de 1903 à la fin de 1909, c'est-à-dire de sept années pendant lesquelles nous avons été assez heureux pour obtenir des résultats fort intéressants, comme on en jugera facilement à la lecture de notre travail.

Nous avons été aidé dans notre tâche par les savants commentaires que notre ami R. Cagnat a bien voulu faire des inscriptions trouvées au cours de nos fouilles; nous ne saurions trop lui en exprimer notre reconnaissance, de même que rendre témoignage au zèle et au dévouement de l'inspecteur, M. Barry, et du sous-inspecteur conservateur du Musée, M. Rottier, qui résident à Timgad toute l'année et n'ont

(1) Ernest LEROUX, *éditeur, 28, rue Bonaparte.*

d'autre distraction que la présence des touristes, plus nombreux, il est vrai, d'année en année, qui viennent visiter les restes de la cité de Trajan.

M. Stéphane Gsell, professeur de l'Université d'Alger, a bien voulu rendre compte de nos découvertes dans l'Atlas archéologique de l'Algérie, qu'il publie avec tant de compétence et de désintéressement, ainsi que dans « les Monuments antiques de l'Algérie » (1).

Enfin nous remercions bien vivement MM. Neurdein frères et leur opérateur, M. Bizeul, qui n'ont rien négligé pour effectuer dans les meilleures conditions possibles des travaux photographiques, grâce auxquels nous pouvons donner à la publicité de fort belles épreuves permettant de se rendre un compte exact des progrès accomplis par notre service dans le déblaiement général de Timgad, la perle archéologique française, à nulle autre comparable.

Dans l'énumération des ruines que nous fournissons ci-après, nous avons cru devoir grouper les constructions de même nature sans nous préoccuper de leurs emplacements. Mais, pour les édifices qui ne se relient pas avec d'autres, nous avons adopté un itinéraire partant du musée au nord de la ville, se dirigeant vers l'est, le sud, l'ouest, et revenant au point de départ.

Nous parlerons tout d'abord des fouilles opérées au nord-est de la ville; des découvertes de la bibliothèque, de la porte du faubourg est, du marché de l'est; puis, de la restauration des gradins et du mur de soutènement du théâtre; de la mise au jour d'un édifice décoratif, de bassins, conduites d'eau, d'un quartier industriel, d'un temple dédié à Mercure, du monastère de l'ouest et de son baptistère, de tombeaux, d'un entrepôt.

Nous décrirons la remise en état de la porte de Lambèse, la repose de colonnes dans le Forum. Viendront ensuite les déblaiements des voies, des maisons, des thermes, des basiliques chrétiennes; les trouvailles d'inscriptions, de fragments et objets divers pour le Musée; enfin la construction de salles nouvelles dans ce bâtiment et la pose de mosaïques sur ses murs.

---

(1) Paris, A. FONTEMOING, *éditeur, 4, rue Le Goff.*

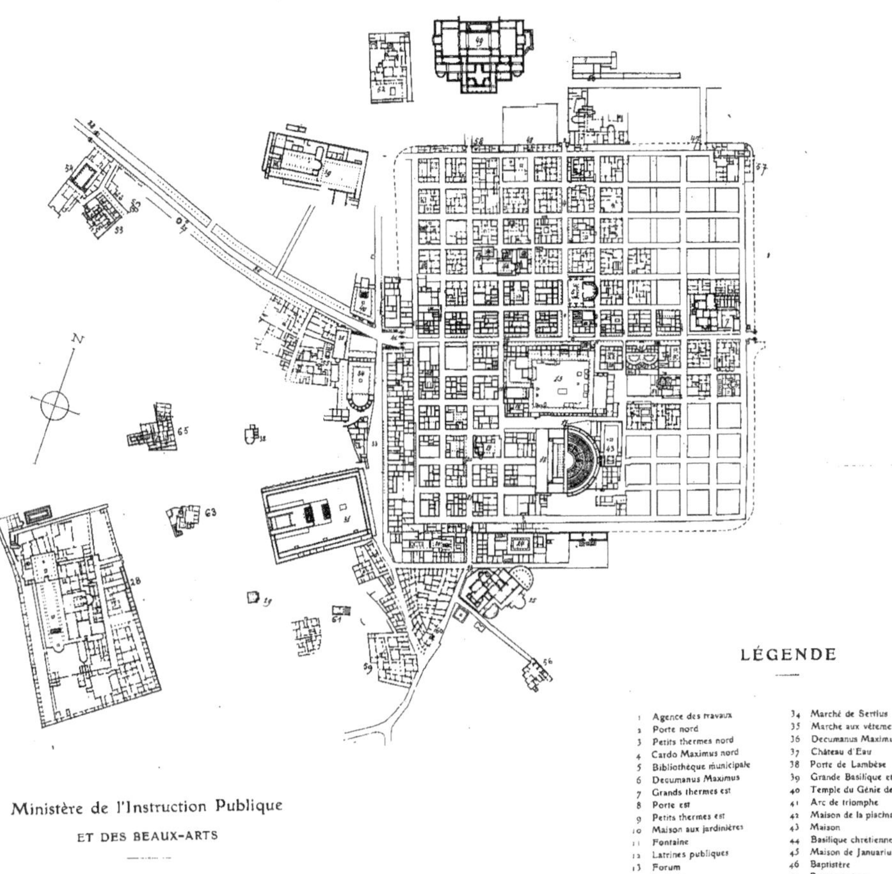

TIMGAD

LÉGENDE

1	Agence des travaux	34	Marché de Sertius
2	Porte nord	35	Marché aux vêtements
3	Petits thermes nord	36	Decumanus Maximus ouest
4	Cardo Maximus nord	37	Château d'Eau
5	Bibliothèque municipale	38	Porte de Lambèse
6	Decumanus Maximus	39	Grande Basilique et dépendances
7	Grands thermes est	40	Temple du Génie de la colonie
8	Porte est	41	Arc de triomphe
9	Petits thermes est	42	Maison de la piscina
10	Maison aux jardinières	43	Maison
11	Fontaine	44	Basilique chrétienne
12	Latrines publiques	45	Maison de Januarius
13	Forum	46	Baptistère
14	Fontaine	47	Porte nord-est
15	Voie de la Curie	48	Enceinte nord
16	Maison	49	Grands thermes nord
17	Voie du théâtre	50	Musée
18	Théâtre	51	Marché de l'est
19	Petits thermes du centre	52	Thermes des Filadelfes
20	Fontaine	53	Thermes nord-ouest
21	Cardo Maximus sud	54	Entrepôt
22	Porte sud	55	Thermes du marché de Sertius
23	Fontaine	56	Petits thermes sud
24	Maison de l'Hermaphrodite	57	Petits thermes nord-est
25	Grands thermes sud	58	Porte nord secondaire
26	Fort byzantin	59	Usine de céramique
27	Basilique de Grégoire	60	Usine de fonderie de métaux
28	Monastère de l'ouest	61	Temple de mercure
29	Basilique chrétienne	62	Maison de Corfidius
30	Maison de Sertius	63	Thermes du Capitole
31	Capitole	64	Porte du faubourg est
32	Basilique chrétienne	65	Thermes ouest
33	Voie du Capitole		

CHAPITRE PREMIER

§ Ier

FOUILLES DU FAUBOURG NORD-EST

En dehors de la Cité, le long des remparts nord et de chaque côté de la porte de Cirta, des alignements indiquaient nettement la présence de ruines. Nous pensâmes donc à les explorer. Celles qui étaient situées du côté ouest ne nous donnèrent rien pouvant être analysé. Mais, au nord-est, on trouva les restes de deux petites églises ou chapelles que nous décrirons plus loin, à l'article « Basiliques chrétiennes », et deux groupes de constructions rayonnant autour d'une cour intérieure.

Il ne faut pas se dissimuler que ces bâtiments, de basse époque, ont été fort remaniés et qu'il est difficile d'en donner une description un peu précise. Tout ce que nous pouvons dire, c'est que le groupe situé du côté de la porte nord, le long de la voie conduisant dans l'antiquité à Cirta, comprenait d'abord une série de dix salles ou corridors disposés entre le rempart nord et une muraille parallèle à ce rempart, à la distance de dix mètres environ; un petit vestibule donnait sur la cour, régulièrement pavée de dalles de pierre. Puis, après un ressaut d'un mètre cinquante de la muraille vers l'ouest, un alignement se dirigeant du sud au nord limitait à l'occident un ensemble de douze couloirs ou pièces de différentes grandeurs auxquels s'ajoutaient huit chambres affectées à des bains, plus une chapelle avec deux sacristies et un portique à trois entrecolonnements ouvert, à l'est, sur la cour.

Les bains, dont les divisions sont d'une superficie très restreinte, avaient aussi leur entrée sur le portique et sur la cour; ils attenaient aux bâtiments religieux.

L'autre groupe était moins important, si l'on en juge, bien entendu, par ce qui nous en reste. Limité comme l'autre, du côté sud, par le rempart nord de la cité, il présente les ruines d'une douzaine de salles entourant la deuxième chapelle avec deux petites annexes, et s'étend au sud et à l'est de la cour intérieure. Nous avons trouvé là des cuves de foulon, des amphores en place, des citernes, bassins, cuves, etc., qui paraissent avoir appartenu à une construction industrielle.

Les habitants et ouvriers occupant ces locaux devaient être très pieux, puisque dans un espace assez réduit, ils avaient établi deux petites églises. Ils ne négligeaient pas non plus les soins du corps, comme en témoigne la présence des bains dont il est parlé plus haut et qui contenaient toutes les chambres nécessaires, chaudes et froides; étuves, piscines, etc.

Malheureusement, nous ne pûmes poursuivre plus loin, dans ce quartier, nos investigations. Les ruines se dérobèrent dans la partie nord-est de ce faubourg; aucune trace de mur ne nous apparut et nous dûmes nous en tenir là.

§ II

BIBLIOTHÈQUE MUNICIPALE

Sur le côté est du Cardo Maximus nord, non loin de la porte principale du Forum, nous avions, en 1901, déblayé l'un des plus remarquables édifices de Timgad que, en présence de l'inscription incomplète qui s'y trouvait, on avait été obligé de désigner sous le nom un peu vague de Schola ou de salle de réunion (1).

(1) *Journal Officiel* du 24 mai 1902, page 3583. *Les Nouvelles Découvertes de Timgad*, par A. BALLU, page 22 (Ernest Leroux, éditeur, 1903). — *Timgad, une cité africaine sous l'empire romain*, par CAGNAT et BALLU, page 297, E. Leroux, éditeur. — *Guide illustré de Timgad*, par A. BALLU, page 16, Neurdein, frères, éditeurs (1903).

Le texte épigraphique trouvé au moment des fouilles du monument était le suivant :

Fragment
trouvé en 1901
(droite)

VINTIANI FLAVI RO
MENTO SVO REIPVBLICAE
SIVM PATRIAE SVAE LE
EX ~~IS~~ C̄C̄C̄C̄ MIL. NVM
CTVM EST

Ce qui permettait de la compléter ainsi :

Quintiani Flavi Ro(gati?...... testa)mento suo reipublicæ (coloniæ Thamugaden)sium patriæ suæ le(gaverat ou legatam) ex sestercium CCCC mil(libus) num(morum...... perfe(ctum) est.

Nous en étions réduits à ne connaître rien de la nature même de l'édifice et à savoir seulement qu'il avait été entièrement exécuté au moyen de 400.000 sesterces, c'est-à-dire près de 100.000 francs de notre monnaie, à la suite d'un legs de Q. F. Ro(gatus ?).

Au cours des fouilles exécutées en 1904 sur l'emplacement d'une maison voisine, au nord de la Schola, nous avons trouvé un second fragment de l'inscription qui en complétait une bonne partie :

Fragment
trouvé en 1904
(milieu)

TE M IVLI Q
AM TESTA
V.GADEN
OTHECAE
A PERFE

Dès lors, nous savions que le monument était désigné dans l'inscription par un substantif se terminant en « *otheca* ».

Or, il n'existe que cinq mots latins pouvant s'appliquer à cette terminaison. Ce sont :

PINACOTHECA
APOTHECA
OPOROTHECA
ZOTHECA
BIBLIOTHECA

« *Pinacotheca* » est une galerie de tableaux dans une maison somptueuse.

· Le texte entier de notre inscription est donc le suivant :

EX LIBERALITATE M IVLI QVINTIANI FLAVI RO
GATIANI C̄.M̄.V̄. QVAM TESTAMENTO SVO REIPVBLICAE
COLONIAE THAMVGADENSIVM PATRIAE SVAE LE
GAVIT OPVS BIBLIOTHECAE EX ~~IS~~ C̄C̄C̄C̄ MIL. NVM
CVRANTE REPVBLICA PERFECTVM EST

Ce qui doit se lire ainsi :

Ex liberalitate M. Iuli(i) Quintiani Flavi(i) Rogatiani c(larissimæ) m(emoriæ) v(iri) quam testamenta suo reipublicæ coloniæ Thamugadensium patriæ suæ legavit opus bibliothecæ ex sestertium CCC mil(libus) num(morum) curante republica perfectum est.

Traduction :

Par suite de la libéralité de Marcus Julius Quintianus Rogatianus, de mémoire sénatoriale (homme de mémoire clarissime), qu'il avait léguée par son testament à la caisse de la colonie des Thamugadiens, sa patrie, l'œuvre de la bibliothèque a été entièrement exécutée pour 400.000 sesterces, sous la surveillance de la salle.

Comme l'a fait remarquer M. Cagnat (1), ce personnage de rang sénatorial est inconnu, et l'on ignore l'époque où il a vécu. Il en est de même d'un chevalier romain du même nom qui a été flamine perpétuel à Thamugadi, et qui est totalement étranger au donateur de la bibliothèque.

Tout ce que nous pouvons dire, c'est que ce monument, construit en beaux matériaux (colonnes de marbre et de calcaire, placages de marbre, dallage très soigné), a certainement pris la place d'une « *insula* » ou maison particulière isolée par quatre rues et occupant un carré de 20 mètres de côté, non compris le portique, comme les autres immeubles longeant le Cardo Maximus nord. Lorsque la bibliothèque fut édifiée, on empiéta sensiblement sur la voie de l'est pour ne pas réduire la longueur de l'hémicycle de la salle de lecture, et la rue du côté sud fut réduite de moitié, opérations qui n'ont pu se faire qu'à une époque où la sévérité des règlements de voirie était déjà relâchée, vers la fin du IIIe siècle probablement.

(1) *Les Bibliothèques municipales de l'empire romain* (Mémoires de l'Institut).

ND PHOT.

INSCRIPTION DE LA BIBLIOTHÈQUE

M. R. Cagnat arrive à la même conclusion par l'examen de la paléographie.

La façade principale de notre bibliothèque, ainsi que le portique de la cour d'entrée se tournent vers l'occident. Il y a là une dérogation à la recommandation faite deux fois par Vitruve (1), qui nous apprend que « l'usage demande la lumière du matin parce que les livres ne se gâtent pas si facilement dans ces bibliothèques que dans celles qui regardent le midi et le couchant, lesquelles sont sujettes aux vers et à l'humidité parce que la même humidité des vents qui fait naître et qui nourrit les vers fait aussi moisir les livres ».

Nous ne voyons pas très bien en quoi l'exposition du midi ou de l'ouest est plus favorable aux vers que celle du levant. L'essentiel est qu'un édifice soit bâti avec de bons matériaux, bien fondé, bien ventilé, et que le soleil y pénètre. La bibliothèque de Timgad réunissait ces conditions.

Quoi qu'il en soit, Fl. Rogatianus a donné le terrain qu'il possédait, peut-être bien celui de sa propre maison qu'on a démolie tout exprès. La façade ne pouvait qu'être tournée vers la voie du Cardo Maximum, à l'ouest; il n'avait donc pas le choix de l'orientation.

Quelque temps après la découverte de la Bibliothèque de Timgad opérée en 1901, l'Institut archéologique autrichien, qui faisait des recherches sur l'emplacement d'Ephèse, y trouva un monument offrant de grandes analogies avec notre bibliothèque, ainsi qu'une inscription en grec ne laissant aucun doute sur son affectation (2). On y remarque les mêmes niches rectangulaires pour loger les volumes ; le même renfoncement demi-circulaire dans le fond de la salle pour contenir la statue de la divinité (Minerve). Par contre, cette salle a la forme d'un rectangle au lieu de l'hémicycle de Timgad; elle n'est pas accompagnée de salles de dépôt, mais seulement isolée de la montagne et des immeubles voisins par un étroit couloir ; elle est précédée d'un portique simple, parallèle à la façade, sans retours comme le nôtre; enfin elle se tourne vers l'est, en conformité des principes de Vitruve. (Nous ferons remarquer que le couloir d'isolement était plus efficace contre l'humidité que l'orientation à l'est.) Le fondateur de cet édifice s'appelait

(1) Livre Ier chap. ii, p. 17, et livre VI, chap. vii, p. 35.
(2) Voir R. Cagnat, Les Bibliothèques municipales de l'empire romain.

Ti. Julius Celsus Polemœanus (1); il y avait son tombeau.

Le résultat de l'identification de ces deux monuments de Timgad et d'Ephèse fut de se demander si la construction exhumée à Pompéi entre le marché et le temple de Vespasien n'était pas aussi une bibliothèque. Comme les deux premières, celle de Pompéi possède une grande niche occupant le fond de la salle, des renfoncements rectangulaires sur les côtés, un portique devant la façade. Il n'est pas téméraire de prétendre qu'il y a lieu de voir là un troisième exemple de ruines de bibliothèque publique romaine.

On peut citer aussi la petite chambre déblayée il y a un siècle et demi à Herculanum et reconnue pour avoir servi de bibliothèque; dix-sept cent cinquante-six manuscrits y étaient conservés (2).

Le nombre des bibliothèques de Rome était de 28 au IV° siècle de notre ère. Les hommes chargés de la conservation de ces établissements s'appelaient *bibliothecarius* ou *a bibliotheca* (3). C'étaient des esclaves ou des affranchis.

§ III

PORTE DU FAUBOURG DE L'EST

L'extrémité à laquelle aboutit une voie prolongeant le Decumanus Maximus à l'est, en dehors de la cité, est occupée par un édifice de 4 m. 90 d'épaisseur sur 14 m. 34 de largeur. C'est un arc triomphal, une porte monumentale dont le plan est semblable à celui de la porte de Lambèse (4), c'est-à-dire que chacune de ses faces est décorée de quatre colonnes détachées, disposées en avant d'autant de pilastres.

L'arcade est de 0 m. 30 plus large que celle de la porte précitée et de 0 m. 05 seulement que celle de la porte de Mascula. Ce sont les mêmes colonnes corinthiennes ornées des mêmes cannelures et chapiteaux que les colonnes de ces

---

(1) *Forschungen in Ephesos,* Vienne 1905, et *Sahreshefte der archeologisch Instituts zu Wien, 1905.*

(2) Daremberg et Saglio, *Bibliotheca,* p. 708.

(3) Daremberg et Saglio, *Bibliotheca,* p. 708.

(4) *Les Ruines de Timgad,* par A. BALLU, E. Leroux, éditeur, page 109, et *Nouvelles découvertes,* par A. BALLU, E. Leroux, éditeur, page 14.

VUE D'ENSEMBLE DE LA BIBLIOTHÈQUE

arcs et aussi de l'arc de Trajan. Nous avons retrouvé, d'ailleurs, presque tous les éléments de la porte qui nous occupe; les tronçons en gisaient à terre lorsque nous en opérâmes les déblais. Corniche, frise, architrave, moulures du soubassement, tout s'y trouve; sinon en totalité, au moins représenté.

Sous la porte, les chars ont laissé les traces profondes de leur passage; là encore nous avons pu constater que l'écart des roues antiques était bien de 1 m. 45, correspondant à la largeur de nos voies normales de chemins de fer.

L'axe transversal de l'édifice est incliné par rapport à la ligne du rempart est de la cité, de telle sorte que son extrémité nord est plus rapprochée de celui-ci que sa partie sud. C'est ce qui explique le mouvement de contre-courbe qu'il a fallu donner au Decumanus Maximus prolongé pour qu'il pût arriver normalement à passer sous la porte (1).

Nous avons découvert, lors de ces fouilles, une série de fragments d'inscriptions qu'il a fallu réunir afin de voir ceux qui pouvaient être groupés et constituer des ensembles.

M. Barry, notre inspecteur, a réussi à trouver les éléments des trois textes suivants (2) :

C'est d'abord :

IMP CAESA/////// MAXIMO MEDICO
AVG. PO ///////// ANTONINI FILIO
DIVI ////////// DIVI TRAIANI PAR
THICI ///////// CVM STATVIS ET //////////
C MOD//////// AVGVSTI PR. PR. PATRONVS COLONI
AE . D//////// IONVM PECVNIA PVBLICA

La seconde est ainsi conçue :

//////////// ANTONINO ARMENIACO
///////// POTEST XXV IMP V COS III ////////
//////// MAXIMI FRATRI DIVI HADRIANI
////////////////// NERVAEA //////////////////
///////////////// LEGATVS ////////////////

---

(1) Voir page 63.
(2) En pierre calcaire. Hauteur des lettres, 0 m. 11. Trouvés le 2 avril 1908.

De la troisième, il reste peu de chose :

///////////////// X MEDICO
///////////////// IONEM AE
///////////////////////////IT.
////////// PATRONIS COLONIAE

Ces inscriptions exhumées à quelques mètres de la porte, à l'endroit même où elles ont dû tomber lorsque le monument s'est effondré, nous donnent, entre autres, une indication précieuse qui est la puissance tribunice de l'auguste en l'honneur duquel l'arc a été élevé.

Cette puissance tribunice est indiquée par :

POTEST $\overline{XXV}$.

C'est-à-dire « *tribunicia potestate XXV* » ou 25ᵉ puissance tribunice qui ne peut être attribuée qu'à Marc-Aurèle parmi les Antonins, car on lit au-dessus : ANTONINO.

En effet, Trajan est mort le 11 août 117, dans sa vingt et unième puissance tribunice; Antonin le Pieux, le 7 mars 161, dans sa vingt-troisième. Restent Commode, Septime Sévère et Caracalla. Aucun des trois n'a obtenu la vingt-cinquième puissance tribunice et Septime Sévère ne portait pas le nom d'Antonin.

Nous sommes donc incontestablement en présence d'une dédicace à l'empereur Marc-Aurèle, et après le règne simultané de Lucien Verus et de ce monarque.

On doit lire, par conséquent :

Potest(ate) XXV imp(eratore) V co(n)s(ule) III,

ce qui donne comme date de l'édification de la porte l'année 171 de notre ère, époque à laquelle la ville de Thamugadi fut agrandie (1).

La première ligne de la deuxième inscription devait être ainsi :

[IMP. CAES. M. AVRELIO] ANTONINO ARMENIACO

Les lettres sont bien du caractère de l'époque de Trajan

______

(1) *Les Nouvelles découvertes de Timgad*, par A. BALLU (E. Leroux, éditeur) page 5.

et des Antonins. Le G surtout date du temps antérieur à Septime Sévère. La lettre R se prolonge sous l'M d'ARMENIACO comme, d'ailleurs, dans une inscription à Marc-Aurèle trouvée en 1907 et transportée au Forum, d'où elle provenait (1).

A noter que généralement on trouve :

IMP. CAES. M. AVRELIO ANTONINO AVGusto

et que « *Auguste* » a été supprimé dans notre texte.

§ IV

MARCHÉ DE L'EST

C'est à la fin de 1903 qu'un de nos chantiers de travailleurs attaqua la partie de terrain située entre le Decumanus Maximus et les petits thermes de l'est (2), au nord de ces derniers d'une part; puis, entre la maison aux jardinières et le mur occidental de l'édifice particulier précédent, d'autre part.

Des hémicycles furent mis au jour, ce qui fit croire un instant à l'existence d'un nymphée. Mais bientôt nous apparut un monument d'une disposition des plus gracieuses. C'était un marché, bâti sur un plan fort original et différent de celui de Sertius.

En l'absence d'inscriptions, nous ne saurions préciser la date de cet édifice, mais on est certain qu'il n'est pas de l'époque primitive de la ville. Il a, en effet, été construit sur l'emplacement d'une insula et de la rue qui séparait celle-ci d'une maison installée sur son côté est.

Le monument possédait deux entrées : l'une, principale, au nord, sur le Decumanus; l'autre, latérale, sur la voie de la basilique judiciaire, à l'ouest (à 9 m. 65 de l'angle du portique).

Pour accéder à la première, il fallait gravir huit marches sous le portique donnant sur la voie triomphale, et trois

(1) Voir plus loin, page 145.
(2) Voir *Les Nouvelles découvertes de Timgad*, A. BALLU (E. Leroux, éditeur), page 49.

autres degrés après avoir franchi une sorte de vestibule ouvert par trois entrecolonnements. Ce vestibule, dallé de briques en chevrons sur champ, est de forme demi-circulaire (1); de chaque côté de l'entrée, une porte conduisant à

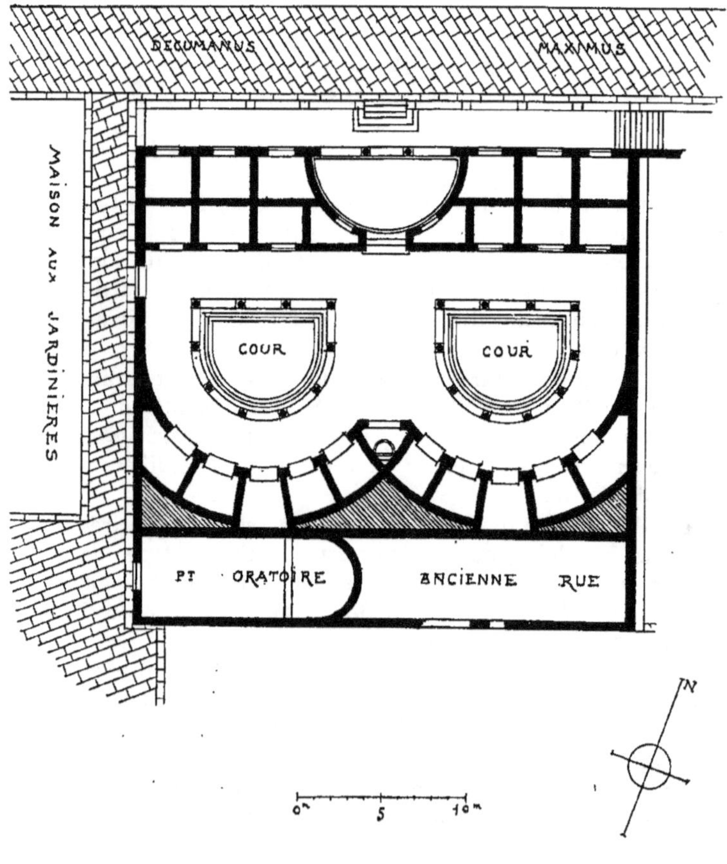

(1) Diamètre, 8 m. 80.

VUE INTÉRIEURE DU MARCHÉ DE L'EST

ND PHOT.

une petite pièce presque triangulaire sur l'alignement des trois travées ouvertes sous le portique; six boutiques étaient éclairées (1) par autant de baies. Le portique, établi sur toute la largeur du marché, était le prolongement de la galerie placée en avant de la maison voisine, mais il y avait une assez forte différence de niveau, que dix marches rattrapaient.

Lorsqu'on était entré dans l'établissement, on avait, de chaque côté de la porte, six autres boutiques disposées au dedans comme les autres l'étaient à l'extérieur. Dans les décombres de l'une de ces logettes, nous avons trouvé des jouets, au nombre de dix, en terre cuite, et représentant des canards et des moutons.

Une vaste galerie (2), aussi large que l'édifice, précédait deux cours demi-circulaires (3) pavées comme le vestibule et bordées d'une rigole pour l'écoulement des eaux. Ce portique intérieur contournait les deux compluvium et était soutenu par des colonnes doriques en pierre de grès, au nombre de dix pour chacune des cours (4). Enfin, autour de la partie circulaire du portique, rayonnaient dix magasins (cinq de chaque côté de l'axe), disposés à l'instar de ceux du marché de Sertius, avec tables en pierre de grès (5), sous lesquelles le négociant était obligé de passer pour pénétrer dans sa boutique. Nous avons retrouvé une table entière et les fragments de quatre autres.

A la rencontre des deux courbes des murs extérieurs des boutiques, dans l'axe du bâtiment, une pièce triangulaire (6) largement ouverte contenait une vasque demi-circulaire encore en place. C'était la fontaine du marché; mais, comme à une certaine époque on trouva ses dimensions (1 m. 48 sur 0 m. 90) insuffisantes, on en installa une autre plus grande

(1) Trois de chaque côté; les dimensions de ces boutiques sont de 2 m. 40 de profondeur sur des largeurs variant de 2 m. à 2 m. 90.

(2) Longueur, 28 m. 90; largeur, 2 m. 85.

(3) Largeur, 7 m. 30; longueur, 5 m. 85.

(4) Quatre sur la partie droite de l'hémicycle ; six sur la circonférence.

(5) Celles du Marché de Sertius sont en calcaire. Dans cet établissement on compte 11 boutiques avec tables et 4 qui en sont dépourvues. Dans le marché de l'est, il y a 10 logettes avec tables et 14 autres, soit à l'intérieur soit dehors.

(6) Les cloisons de cette pièce sont formées par le prolongement des murs extérieurs demi-circulaires des boutiques.

dans la logette placée à l'extrémité est. Les conduites en plomb d'amenée d'eau de ces deux fontaines existent encore.

En avant de la pièce triangulaire médiane, deux colonnes correspondant aux piédroits de l'ouverture (1) de ladite pièce, soulageaient la portée de la charpente de la galerie intérieure qui, à cet endroit, eût été considérable.

Sur le dallage, bien conservé, plusieurs rigoles ont été pratiquées pour faciliter les écoulements d'eau, notamment entre les deux cours, et au droit des deux fontaines. L'aspect d'ensemble des colonnes, dont plusieurs sont entières, est vraiment charmant (2).

(1) Largeur, 2 m. 27.

(2) Non compris le portique, la profondeur du bâtiment du marché est de 22 m. 3o. Il a empiété de 1 m. 40 sur la rue de 6 mètres, qui passait derrière la maison sise à l'est.

CHAPITRE II

§ Ier

RESTAURATION DES GRADINS DU THÉATRE

RÉPARATIONS DU MUR DE SOUTÈNEMENT

Au théâtre, nous avons replacé une grande partie des gradins (1) qu'à diverses époques les bâtisseurs byzantins ou berbères ne s'étaient pas fait scrupule d'enlever pour les utiliser dans leurs constructions militaires ou civiles.

Les soldats de Solomon, ayant résolu d'établir un fort qui dominât les ruines de la ville incendiée par les Maures, eurent bien plus vite fait de se servir tout d'abord des gradins du théâtre, formant des pierres toutes taillées sans qu'il fût nécessaire de procéder à aucune démolition, lesdites pierres reposant sur le sol. C'est ce qui explique que nous ayons retrouvé plusieurs de ces gradins dans les éboulis du fort byzantin.

Cette restauration des gradins, entreprise à l'instar de celle du théâtre d'Orange, qui a eu tant de succès, était nécessaire non seulement au point de vue de l'aspect des ruines, mais aussi pour la conservation du terrain en pente qui, composé de lamelles schisteuses, s'effritait journellement et menaçait de descendre sur l'orchestra.

La Comédie Française, représentée par M. et Mme Silvain, a donné une fort belle représentation le 15 mai 1907, en jouant *Electre,* drame lyrique de M. A. Poizat, dans le théâtre rempli de monde. La plaine thamugadienne était couverte des tentes des Européens et des indigènes

---

(1) Nous avons jugé superflu de restituer la partie supérieure des degrés de la cavea et nous nous sommes bornés à reposer 12 rangées du 2ᵉ mœnianum.

accourus de tous les pays à la ronde pour entendre la saisissante tragédie qui a été l'un des triomphes de Mme Silvain (1).

Le mamelon auquel le théâtre est adossé se continue avec la même pente sur le flanc sud du monument. Comme de ce côté la ligne des gradins n'épouse plus cette pente, les Romains ont été obligés d'opérer dans la colline une section verticale et de la fortifier par un mur de soutènement.

Or ce mur avait disparu pour les mêmes raisons qui ont présidé à la démolition des gradins; il s'en est suivi une désagrégation de la colline à l'endroit de la section et la nécessité d'arrêter un mouvement qui offrait un réel danger.

Nous avons, en conséquence, pris le parti de remonter quatre assises du mur de protection sur une longueur de 14 mètres et 2 m. 30 de haut; et, au-dessus, de huit autres descendant en degrés depuis l'angle est du mur sud de la cour du théâtre vers le milieu de ce mur, sur une épaisseur moyenne de 3 mètres.

§ II

MONUMENT DÉCORATIF AU SUD DU THÉATRE

Sur le revers méridional de la colline du théâtre, nous avions remarqué des ruines paraissant avoir un caractère un peu spécial. Nous y avons fait opérer des déblais et avons pu constater la présence à cet endroit d'un monument de grande allure dont l'entrée était précédée d'un perron de quatre marches.

Une belle place dallée s'étale en avant. La porte de l'édifice est flanquée de deux ailes se composant de murailles de grand appareil dans lesquelles nous n'avons trouvé aucune ouverture. Au bout de l'entrée du monument, on rencontre un mur plein, parallèle à l'enceinte sud de la ville, et en dehors de celle-ci. Ce mur, dont la fonction était de soutenir les terres de la colline, est formé de moellons avec chaînes de briques.

(1) Une représentation analogue eut lieu l'année suivante au théâtre de Guelma restauré également grâce aux persévérants efforts de M. C. A. JOLY, délégué financier, ancien adjoint au maire.

VUE DES GRADINS DU THÉATRE RESTAURÉS

Quelle était la nature de cet édifice? Une porte menant à un vestibule sans issue, des ailes massives, voilà tout ce que nous avons pu voir. Il nous semble que ce monument devait être moins utilitaire que décoratif, et qu'il servait à abriter soit une statue colossale, soit tout autre emblème votif.

Comme il est placé dans la partie de la ville voisine du fort byzantin, il est à craindre qu'il ait eu à souffrir énormément de la construction de la forteresse de Solomon, et nous avouons qu'il nous reste bien peu d'espoir de trouver plus tard les indications pouvant nous permettre de préciser davantage la destination de ces ruines majestueuses.

§ III

BASSINS. — CONDUITES D'EAU
BARRAGE DU RAVIN OUEST

A l'ouest des grands thermes sud, nous avons mis au jour, en 1904, un grand bassin carré qui était autrefois voûté ainsi qu'en témoignent l'épaisseur de ses murs et la pile de maçonnerie qui est disposée dans son milieu.

Au sud-est de celui-ci, on a trouvé deux autres grands bassins; l'un est muni d'une trappe en pierre glissant dans deux rainures latérales et donnant jadis accès à l'eau par une petite arcade ménagée dans la pierre.

Entre le bassin voûté et les deux autres, on a exhumé deux étages de galeries dallées en pierre contenant deux cuves rectangulaires et trois vases de grande dimension, en pierre également.

Enfin, au sud de l'hémicycle des latrines des grands thermes sud, deux autres grands bassins dépendaient de cet établissement.

A cent mètres environ à l'ouest du Capitole, nous avons trouvé deux conduites d'eau. L'une de ces conduites est munie de deux regards en maçonnerie : le premier a une section rectangulaire; le second, une forme demi-circulaire.

Près du monastère de l'ouest (dont nous parlerons plus loin), à 50 mètres environ de sa limite septentrionale, on a

reconnu le soubassement d'un aqueduc; c'est un mur de
1 m. 28 d'épaisseur. Il a une hauteur de 1 m. 40 et se trouve
placé tout près (à 1 mètre) d'un mur bien construit, appartenant probablement à un édifice particulier. Ce mur a la
même direction que les conduites d'eau qui proviennent de
la montagne dominant Timgad vers l'occident.

A un kilomètre environ du fort byzantin, une dépres-
sion en maçonnerie indique un barrage effondré. Il était
établi dans une sorte de bassin naturel arrangé en captage
des eaux de pluie. Les Romains, en effet, ne pouvaient se
contenter, pour l'alimentation, non seulement de la ville,
mais de la campagne environnante, où certainement se faisait de la culture intensive (1), des sources peu nombreuses
qui existaient près de Thamugadi. Il leur fallait employer
tous les moyens de se procurer cette eau si indispensable à
tous usages, soit alimentaires, soit agricoles. Nous sommes
même surpris de ne pas rencontrer plus de conduites et de
sources que celles jusqu'ici repérées, quand nous songeons à
la quantité de bains publics ou privés qu'il fallait desservir,
sans compter les fontaines.

Il est vrai que, par suite des affaissements de terrains,
plus d'une source a dû disparaître depuis les treize siècles
qui nous séparent de la disparition de la cité de Trajan.

On sait que les ruines sont traversées dans leur partie
occidentale par un ravin que les eaux pluviales, venant des
pentes sud-ouest, ont creusé. Ce ravinement a entraîné de
nombreuses dalles du Decumanus Maximus, et plusieurs
constructions dont il a été impossible de relever le plan.
D'autre part, les eaux du ciel ont créé, de l'autre côté de
la ville, en dehors des limites orientales de la cité, un sillon
formé par l'entraînement des pluies, dans la direction du
sud au nord.

Il était donc logique d'étudier le moyen de détourner
les eaux du ravin qui traverse la ville pour les entraîner dans
l'autre. Après avoir opéré plusieurs nivellements, nous pûmes nous rendre compte de la possibilité de cette opération
et nous décidâmes d'envoyer nos remblais à l'ouest pendant que nous creusions, au sud des ruines, une sorte de
canal qui se remplit sans difficultés et déversa ses eaux dans
le ravin de l'est.

(1) Procope en parle dans son traité *De bello Vandalico.*

Nous avons donc mis désormais ces ruines à l'abri de la
détérioration qu'elles subissaient du côté du couchant.

§ IV

QUARTIER INDUSTRIEL

Jusqu'ici, la vie religieuse, politique, hygiénique, com-
merçante, publique et privée des Romains s'était amplement
manifestée à Timgad par la découverte des temples, du Forum, des édifices judiciaires, des établissements de thermes,
des marchés, des nombreuses boutiques étalées le long des
grandes voies, des maisons dont la variété de dispositions ne
cesse de nous surprendre chaque jour. Une lacune existait,
c'était celle de la vie industrielle qui nous fut révélée en
1906 avec un luxe d'ensembles et de détails fort intéressants (1).

C'est dans le quartier situé au sud-ouest de la ville,
en dehors de la cité, au sud de la maison de Sertius et du
temple de Jupiter Capitolin.

Ce quartier se divise en deux grandes sections. L'une,
de forme triangulaire, avait sa façade nord sur la rue des
grands thermes sud, dans la partie qui borne au midi la
maison de Sertius; son côté est, sur le prolongement du
Cardo Maximus nord; sa face occidentale sur la voie con-
tinuée du Capitole, la pointe du triangle étant dirigée vers
le sud.

L'autre, adossée au versant oriental de la colline, dominant au sud le Capitole, prenait sa lumière sur la voie capitoline, ainsi que sur trois impasses perpendiculaires à cette
dernière, et se trouvait partagée en autant de parties d'iné-
gale importance, comme nous le verrons par la suite.

Si nous décrivons l'ensemble des constructions de contour triangulaire, nous parlerons tout d'abord des deux cours
intérieures qui aéraient la masse compacte de cette réunion
de bâtisses.

(1) Voir *Journal Officiel* du 3 février 1907, pages 49 et 5o.

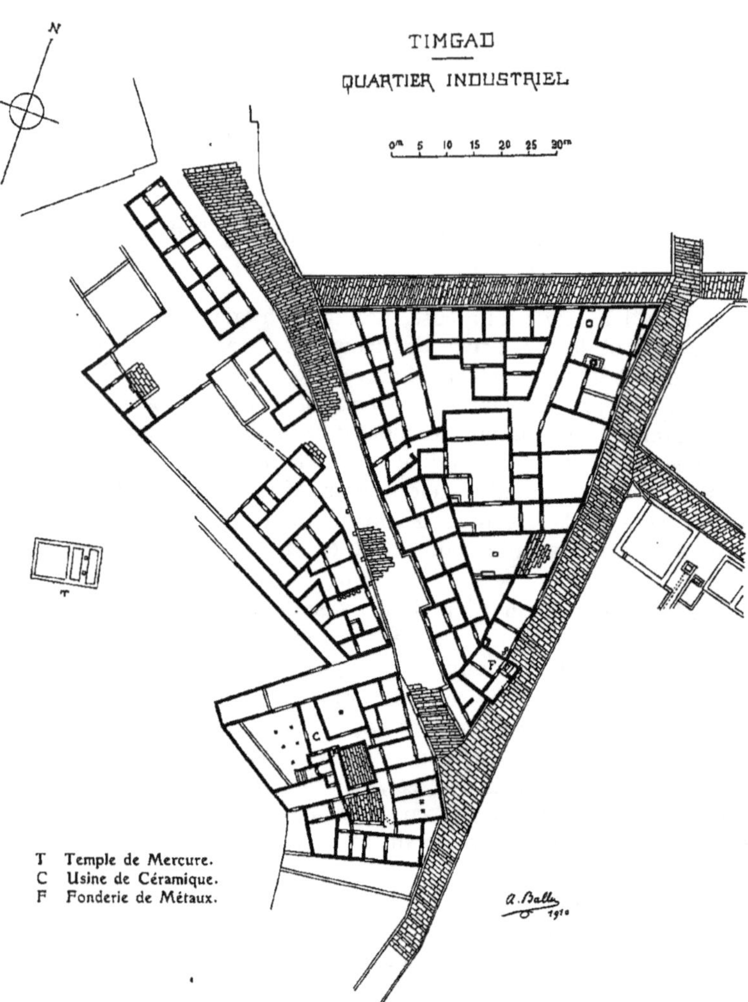

La première cour, très irrégulière de forme, possédait au nord, avec la voie des grands thermes sud, deux communications qui englobaient un pâté formé de onze salles ayant toutes des ouvertures sur le dehors; à l'est, on pouvait, de la cour, accéder au Cardo prolongé par une sortie d'une largeur moyenne de 5 mètres, ce qui, dans l'angle

nord-est du grand triangle, isolait une réunion de cinq
pièces, dont une pourvue d'un bassin et d'un puits.

La deuxième cour, beaucoup plus petite que la première, affectait la forme d'un triangle sensiblement parallèle aux côtés de l'ensemble, dont elle éclairait et ventilait la
fraction méridionale.

Entre les deux cours, on compte une juxtaposition de
neuf salles, parmi lesquelles l'une, de grandes dimensions
(8 mètres sur 17), contenait un grand bassin. Sur le côté est
de la cour et le long du trottoir occidental du Cardo prolongé, s'alignaient huit pièces, avec une entrée sous un portique de quatre piliers, à la pointe sud.

Nous n'avons pu déterminer la fonction exacte des services auxquels étaient affectées les constructions environnant
la première cour; mais, autour de la seconde, et en bordure
du Cardo extra-muros, nous avons reconnu l'établissement
d'un fondeur de bronze, avec ses fours encore chargés de
combustibles dont nous avons recueilli de grandes quantités (1), avec des instruments de travail tels qu'une scie circulaire, en fragment, dont le diamètre était de o m. 32; une
scie droite; un morceau de roue de machine (diam. o m. 52);
des pilons en pierre; des creusets en terre cuite semblables
à ceux qui servent aujourd'hui à la fonderie avec un bassin
de refroidissement pour y plonger le métal; des quantités
de clous, etc.

La destruction de l'établissement a été produite par le
feu, ainsi que le prouvent les trouvailles faites, en cet endroit,
de charpentes calcinées, de près de 300 kilogrammes de
bronze mélangé avec des scories vitreuses, de résidus de poix
et de résine, de verres fondus, de fragments de toutes sortes
provenant d'objets de bronze détruits par l'incendie, comme
des pieds de candélabres, des vases, des lampes de bronze
et terre cuite en quantité, de cuivre coulé, d'objets mobiliers
ou statuettes : par exemple, un taureau en bronze détaché
d'un morceau de même matière brûlée et y adhérant.

Dans une sorte de cuve disposée le long du bassin de
refroidissement, nous avons vu des réserves de poix rési-
neuse; partout des traces d'un feu violent et une très grande
quantité d'objets divers qu'on n'a pas eu le temps de démé-
nager.

(1) Bois de cèdre et charbon de bois.

Sur le flanc ouest du triangle de constructions, on voit les restes de douze magasins ayant tous une arrière-boutique et souvent deux, même trois. On compte trente et une salles de ce côté. Au cours des fouilles, parmi les nombreux fragments de toutes matières mis au jour, nous avons déterré un grand vase de terre cuite pesant 12 kilogrammes et contenant près de six mille pièces de monnaie de bronze de frappes différentes, mais toutes du quatrième siècle et portant les effigies principalement de Constantin, Maxence, Honorius, Valentinien, etc.

Nous arrivons aux bâtisses érigées sur le côté est de la colline dominant au sud le temple de Jupiter et divisées, ainsi que nous l'avons expliqué plus haut, en trois parties, par un même nombre de ruelles sans issues, ces impasses se trouvant forcément limitées par la colline.

Nous devons dire aussi que les sondages, qui avaient été effectués avant les fouilles régulières en cet endroit, nous avaient révélé l'existence le long de la colline d'un mur de soutènement déversé et prêt à s'écrouler. Force nous fut donc de procéder à sa restauration avant tout déblai méthodique.

La première partie des ruines sise au pied de la colline est la plus intéressante des trois; elle se trouve dans un carrefour *(trivium)*, formé par la voie du Capitole prolongée, la direction nord du Cardo extra-muros, et la direction sud de celui-ci. Une ruelle de vingt mètres de long et de cinq mètres en moyenne de large, forme la limite sud; une façade, longue de 36 mètres, se présente sur le carrefour. Au nord, une seconde ruelle, à peu près de même dimension que la précédente; à l'ouest, enfin, la colline.

Nous sommes ici en présence d'une usine de céramique; les ateliers largement aménagés sont desservis par l'impasse nord; au sud, c'est l'habitation du patron, du chef d'industrie, du maître céramiste.

La disposition des locaux de la fabrique est à étudier: on voit d'abord, sur la voie du Capitole, précédés d'un portique, trois magasins avec arrière-boutiques, les seuils étant encore en place; puis un couloir ouvert sur la rue et conduisant à une salle (7 mètres sur 7 mètres) dont la portée dans les deux sens était soulagée par un pilier établi au centre de la pièce. Le couloir prolongé le long de celle-ci, allait en rejoindre, à angle droit, un autre aboutissant à la ruelle du

nord et communiquant, sur le côté ouest, à une seconde
grande salle (13 m. 50 sur 13 m. 50), laquelle contenait trois
rangées de piliers surmontés de corbeaux en pierre destinés
à recevoir les poutres de la charpente (1) à longue portée,
comme cela doit être dans un atelier où beaucoup d'espace
est nécessaire.

Le long du mur occidental de cette salle, lequel n'était
autre que le mur de soutènement des terres de la colline, nous
avons trouvé, sur environ 1 m. 25 de hauteur, un amoncellement de terre argileuse granulée, lavée et préparée pour
confectionner des ouvrages en poterie. Il y avait là 75 lampes, toutes de l'époque chrétienne et dont les huit dixièmes
n'avaient pas encore servi. Le fond du mur est brûlé, et l'on
voit encore fort bien les traces d'incendie ainsi que la terre
argileuse calcinée le long des parois.

Dans une pièce voisine, disposée au sud et mesurant
4 mètres sur 11, nous avons exhumé de nombreux fragments
de verre coulé par le feu ; ladite pièce donnait aussi accès à
deux fourneaux servant à élever la température d'un même
nombre de cuves ménagées aux extrémités de chambres
chaudes (2) auxquelles on parvenait par une antichambre
attenante à un puits qui servait aux besoins de la fabrique.
(Ce puits était en même temps placé à l'extrémité du couloir
disposé entre les deux grandes salles.)

Nous pensons que c'étaient là les bains destinés au per-
sonnel de l'usine, car ils n'avaient de communication, par
l'intermédiaire d'une antichambre, qu'avec le couloir conduisant à l'impasse nord, c'est-à-dire à l'entrée des ateliers.
Les tuyaux en plomb de la vidange des eaux existent encore.

Reste à décrire l'habitation du propriétaire de la
fabrique, laquelle ne communiquait avec les appartements
privés que par une seule porte percée à l'extrémité est de la
pièce attenante à la grande salle.

Autour d'un vaste atrium dallé, dont les côtés est et sud
étaient occupés par des portiques que soutenaient cinq
colonnes ou piliers, on remarque d'abord, au nord, le *tablinum*, également dallé en pierre ; un étroit couloir permettant de parvenir au puits ci-dessus désigné, de 25 mètres de

(1) Dans cette salle existe une rangée de huit auges installées là par les
Byzantins pour leurs chevaux, comme dans tant d'autres parties de Timgad.

(2) L'une de ces chambres est dallée en mosaïque de terre cuite.

profondeur, et encore rempli d'eau ; un auvent porté jadis par un pilier carré et deux colonnes, afin de permettre au maître de passer à couvert du couloir dans le tablinum ; à l'ouest, deux salles du fond, le long du mur de soutènement, l'une de 2 m. 90 sur 8 mètres de long avec trois marches établies dans sa largeur, l'autre de 4 m. 50 sur 5 m. 50 en moyenne ; au sud, comme cette dernière qui fait l'angle du bâtiment, quatre chambres se communiquant (1) ; à l'est, enfin, du côté de la rue, quatre pièces, dont les trois le plus au nord faisaient saillie de 3 mètres environ sur la voie, deux étant précédées d'une galerie et la troisième constituant le vestibule de la maison (2).

Cette découverte d'une fabrique de poterie est un fait des plus importants au point de vue de l'histoire de la céramique africaine. Ce stock de lampes nombreuses, trouvées près de la terre servant à leur fabrication et sans qu'elles aient été utilisées, prouve que la colonie se suffisait à elle-même pour cette industrie.

La facture de ces céramiques, toutes de l'époque où la ville a été détruite, vient encore à l'appui de cette observation. Nous pouvons donc nous réjouir d'une telle trouvaille et des conséquences documentaires qu'elle fait naître.

La seconde partie des ruines adossées au versant oriental de la colline part de la ruelle donnant accès à l'usine de céramique et va jusqu'à un passage parallèle à cette impasse, à plus de 50 mètres de distance.

Ce sont des boutiques ouvertes sur la voie, au nombre de onze. Les trois premières, allant du sud au nord, ont une arrière-boutique (3) ; les quatrième, cinquième, sixième et huitième, chacune deux magasins du fond se commandant ; la septième, profonde de 12 mètres, n'en a pas, mais un couloir de 15 mètres de long, disposé sur le côté ouest de cette boutique, ainsi que de celles qui lui sont adjacentes, en facilite la circulation doublée d'ailleurs par une petite rue (large de 3 m. 25) qui borde à l'occident tout ce lot de constructions.

---

(1) Les deux le plus à l'ouest sont commandées par une troisième ayant une porte sur l'impasse sud ; la quatrième, située à l'angle sud-est de la construction, possédait une entrée sur la rue Capitoline.

(2) Ce vestibule était la partie la plus septentrionale de l'avant-corps.

(3) Dans la troisième boutique, cinq amphores en terre cuite sont encore en place, à moitié enterrées dans le sol.

Devant le huitième magasin, une sorte de vestibule fait saillie (de 3 m. 60), ce qui donne quatre pièces en profondeur, plus le couloir. Un espace vide de 3 mètres vient ensuite, puis les neuvième, dixième et onzième boutiques, avec des salles secondaires sur leur flanc occidental.

Entre ces dernières et le mur de soutènement, une surface, large de 20 mètres, porte des traces de dallage et de mosaïques, mais les constructions ont disparu.

Lors des déblais, on a trouvé un très curieux cachet en terre cuite de 0 m. 08 de diamètre, représentant un Mercure dans un char traîné par deux coqs, portant le *petasus* sur la tête et une bourse dans les mains. C'était probablement l'emblème d'un marchand de ce quartier.

La troisième et dernière partie comprend d'abord une ruelle large de 3 m. 60; puis quatre boutiques avec un seul rang d'arrière-boutiques, mais celles-ci sont au nombre de cinq, ou plutôt un cinquième magasin, placé sur le rang des salles du fond, possède une entrée sur la voie, grâce à un vestibule de 2 m. 50 de largeur juxtaposé à la quatrième boutique (1). L'angle septentrional de cette entrée est à 1 m. 90 de l'angle sud-est du péribole du temple de Jupiter.

L'espace entre le mur de façade des magasins et le mur de soutien de la colline est long de 30 mètres. On y a exhumé une partie d'habitation assez intéressante dans laquelle on voit un atrium dallé en pierre, un tablinum (5 m. sur 5 m. 35) possédant une mosaïque malheureusement en mauvais état et, de chaque côté de ce tablinum, deux chambres également pavées de mosaïques.

La chambre (2) disposée au nord du tablinum est décorée d'un dallage très beau et tout à fait bien conservé; ce sont de belles rosaces à feuilles sur fond noir, placées aux extrémités d'un motif au centre duquel se groupent des sortes de cœurs à fonds noirs ornés de feuillages clairs.

A la jonction des cœurs, petites rosaces sur fonds rouges ; les intervalles sont remplis par des rinceaux s'enroulant dans tous les sens. Le tout sur un fond général blanc qui est vraiment le seul possible dans une décoration de ce

(1) La troisième boutique possède aussi un couloir de 2 m. 20 de large qui fait communiquer son arrière-boutique avec la rue.

(2) 4 m. 50 sur 4 m. 10.

genre, ainsi que l'ont si bien compris les orientaux de toutes les époques (1) ; les cubes sont de six tons différents et assez fins.

Pour terminer nous ajouterons que ces constructions (2ᵉ et 3ᵉ parties ci-dessus décrites) étaient abritées sur la voie capitoline par un portique continu dont les vestiges seuls ont été retrouvés. Ce portique suivant le tracé de la voie qui reliait entre eux les angles saillants des sinuosités produites par les ressauts des bâtiments, était forcément non parallèle à ceux-ci; à certains endroits il commençait en pointe et finissait avec des largeurs variables.

De plus, ainsi qu'on peut le voir dans l'énumération qui précède, en dehors des deux fabriques de bronze et de poteries qui constituent l'industrie du quartier, les autres bâtisses étaient plutôt commerciales, puisqu'elles présentaient, tout aussi bien sur la voie du Capitole que sur celle du Cardo sud prolongée, des séries de boutiques d'ailleurs parfaitement aménagées et munies de toutes les annexes nécessaires.

La construction des murs de ces établissements est bonne presque généralement et c'est ce qui explique qu'elle ait pu résister comme elle l'a fait aux incendies qui ont été allumés dans cette partie de la ville. Il n'en a pas moins fallu mettre beaucoup d'ordre après le déblai, car tout était bouleversé; des pans de murailles nombreux étaient couchés à terre; des amas de pierres jonchaient le sol. Actuellement tout est dégagé, remis en place et rétabli dans un état qui permet de juger des dispositions des locaux, d'étudier l'ensemble et les détails des aménagements de ce curieux quartier industriel et commerçant.

Sur le haut de la colline sud du Capitole, au bas de laquelle se trouvent les constructions dont nous venons de donner un aperçu, nous avons fait des sondages en maints endroits. Nous n'avons rencontré que de la terre vierge et un vaste cimetière de basse époque, postérieur à la domination romaine. Cette nécropole est composée de tombes en briques ou tuiles, et aucune vaisselle funéraire ne s'y trouvait.

(1) Il faut en excepter, bien entendu, les mosaïques d'émail a fond d'or des Byzantins, et encore le blanc y est-il fort important, dans le corps du dessin.

Au versant sud de la colline, nous n'avons pas obtenu de résultat appréciable : quelques restes de maisons sans intérêt, en bordure sur la voie conduisant au fort byzantin, et beaucoup de traces d'incendies.

§ V

TEMPLE DE MERCURE

Si les sondages effectués sur la colline sud du Capitole n'ont pas donné ce que nous en attendions, nous avons toutefois fait une découverte qui est loin d'être dénuée d'intérêt, surtout à cause du voisinage des établissements de commerce dont nous venons de parler, établissements auxquels elle ne semble pas étrangère.

A une quinzaine de mètres du mur de soutènement qui limite à l'ouest l'agglomération des locaux de commerce dont il vient d'être parlé, nous avons exhumé le soubassement d'un petit temple antique ayant conservé le massif en maçonnnerie de son perron, les fondations de ses quatre colonnes, de son pronaos, de la cella.

L'orientation de sa façade principale est exactement à l'est; les dimensions du monument sont de 7 m. 02 de largeur sur 11 m. 90 de long. Il était d'ordonnance prostyle et tétrastyle; malgré l'exiguïté de ses proportions, il devait être vu de tous les endroits de la ville, grâce à sa position élevée.

Une inscription découverte tout près de là nous a révélé le nom de la divinité à laquelle était consacré cet édifice : c'est à Mercure, dieu du commerce :

AVGG ET CONSTANTI ET MAXIMIANI . NOB. B. CAESS
TEMPLVM DEI MERCVRI QVOD FVE RAT NEGLEGENTIA
TEMPORVM IN RVINIS CONVERSVM IVSSIONE .V.P. VALERI
FLORI. P. P. N. M. AT PRISTINVM STATVM CVM PORTICIBVS ET P.P.
GRVNDA NOVA INSTITVTA CVRANTE IVL LAMBESSIO CVR REIP EX
//////////   ///////////   ///////////   ///////////   //////////////

Elle est malheureusement incomplète ; elle doit se lire, avec ses abréviations, de la manière suivante :

(Pro salute Diocletiani et Maximiani) aug(ustorum) et

Constanti et Maximiani nob(ilissimorum) Cæs(arum) templum dei Mercuri quod fuerat neglegentia temporum in ruinis conversum jussione v(iri) p(erfectissimi) Valeri Flori p(ræsidis) p(rovinciæ) N(umidiæ) M(ilitanæ?) at pristinum statum cum porticibus et p(ecunia) p(ublica) grunda nova instituta curante Julio Lambessio cur(atore) reip(ublicæ) ex ....

Traduction :

Pour le salut de Dioclétien et de Maximien Augustes et de Constance et de Maximien, très nobles Césars, le temple du dieu Mercure qui, par la négligence des temps, avait été converti en ruines, a été rétabli par l'ordre du personnage perfectissime Valerius Florus, gouverneur de la province de Numidie M........, en son état ancien, avec ses portiques et un nouveau chéneau *(grunda),* ayant été établi sous la surveillance de Julien Lambessius curateur de la ville ....

C'est donc tout à fait dans les premières années du quatrième siècle de notre ère que ces réparations ont eu lieu (306-313). Le temple devait avoir été bâti à une bonne époque et il est fâcheux qu'il ne nous soit pas parvenu dans un état de conservation plus complet, mais nous devons nous féliciter d'avoir pu l'identifier; sa présence au-dessus d'un quartier de marchands s'explique aisément.

Un autre monument voisin a presque totalement disparu ; on ne voit que les traces d'un beau mur en briques sans autre indication.

CHAPITRE III

§ Ier

MONASTÈRE DE L'OUEST. — BAPTISTÈRE

A l'ouest du Capitole, de l'autre côté du ravin, et à 130 mètres environ de distance, de magnifiques ruines ont été d'abord explorées par nous en 1906, puis méthodiquement fouillées l'année suivante et enfin entièrement déblayées en 1908 et en 1909.

Ce sont les restes d'un monastère chrétien orthodoxe occupant un espace en forme de quadrilatère irrégulier d'une superficie de 18.700 mètres carrés.

C'est à l'influence de saint Augustin qu'on attribue la fondation en Afrique des premiers couvents chrétiens, au début du v° siècle de notre ère. Nous avons déjà étudié en détail celui qui a été déblayé à Tébessa de 1888 à 1892 (1) et dont les dimensions ne sont pas beaucoup plus considérables (2).

Thamugadi, jadis théâtre de luttes donatistes violentes et de longue durée qui témoignèrent tout au moins de l'absence d'indifférence de la part de ses habitants en matière de religion, Thamugadi, disons-nous, ne pouvait qu'être fort riche en monuments consacrés au culte chrétien.

Nous savons, d'ailleurs, qu'en 256, Novatus, évêque de la ville, fit partie d'un concile réuni par l'évêque Cyprien à Carthage. En 304, Alexandre, le futur usurpateur de la pourpre impériale, donna ordre d'arrêter à Thamugadi cinq chrétiens qui subirent le martyre à Boseth-Amphoria, dans la Proconsulaire; un autre évêque, Sextus, assista au concile

---

(1) Voir *Le Monastère byzantin de Tébessa,* par A. BALLU. Paris, E. Leroux, éditeur.

(2) Sa longueur est environ de 200 mètres et sa largeur moyenne de 100 mètres; soit une surface approximative de 20.000 mètres carrés.

de Carthage en l'an 320 (1). Puis vinrent les luttes religieuses auxquelles la cité de Trajan se mêle largement dès le commencement du quatrième siècle, et c'est alors qu'elle devint l'un des principaux centres du donatisme. A la fin de ce siècle, l'évêque Optatus, de Thamugadi, prend part à la révolte du comte Gildon contre l'empereur Honorius (397). A la conférence de Carthage, en 411, figurent deux évêques rivaux de Timgad : le catholique Faustinianus et le donatiste Gaudentius, qui fut l'un des sept avocats du parti donatiste (2).

Ses disputes théologiques avec saint Augustin sont célèbres. Il résista énergiquement, en 420, au tribun Dulcitius, qui avait été chargé par les empereurs de sévir contre les donatistes de Numidie et lui répondit que, plutôt que de se soumettre, il s'enfermerait dans sa basilique avec ses fidèles et s'y brûlerait avant de se rendre.

Une découverte d'un grand établissement chrétien présente donc un gros intérêt pour l'histoire si peu connue de Timgad, et nous nous félicitons d'avoir eu la bonne fortune de tomber sur une source de documents qui, à cet égard, ne manque pas d'importance.

Aperçu à vol d'oiseau, l'ensemble des constructions dont il s'agit nous montre tout d'abord un premier quadrilatère (3), ayant 65 mètres de large et 135 mètres de longueur, enveloppé par un second, sur les côtés est, sud et ouest, ayant 110 mètres de largeur moyenne et 170 de long.

Ce premier espace est borné à l'est par une cour (4) et par une galerie longue de 85 mètres (5) qui se retourne sur un tiers environ du côté sud. Là, le mur nord de ce couloir, se prolongeant dans toute la longueur, forme la limite méridionale. Enfin, une ruelle, de 5 m. 50 de largeur moyenne, est disposée sur le flanc ouest, l'angle nord-ouest se silhouettant sur le sol en deux ressauts avancés qui rétrécissent, par endroits, ladite ruelle.

---

(1) *Les Ruines de Timgad*, par A Ballu, E. Leroux, éditeur, page 37.

(2) Voir l'intéressante étude de M. P. Monceaux sur l'évêque Gaudentius de Timgad : *Le dossier de Gaudentius*, librairie Klincksieck, Paris.

(3) Avec quelques sinuosités saillantes dans l'angle nord-est.

(4) Dans l'angle nord-est. Ses dimensions sont de 16 mètres de large sur 42 de long.

(5) Sur 4 m. 50 de large.

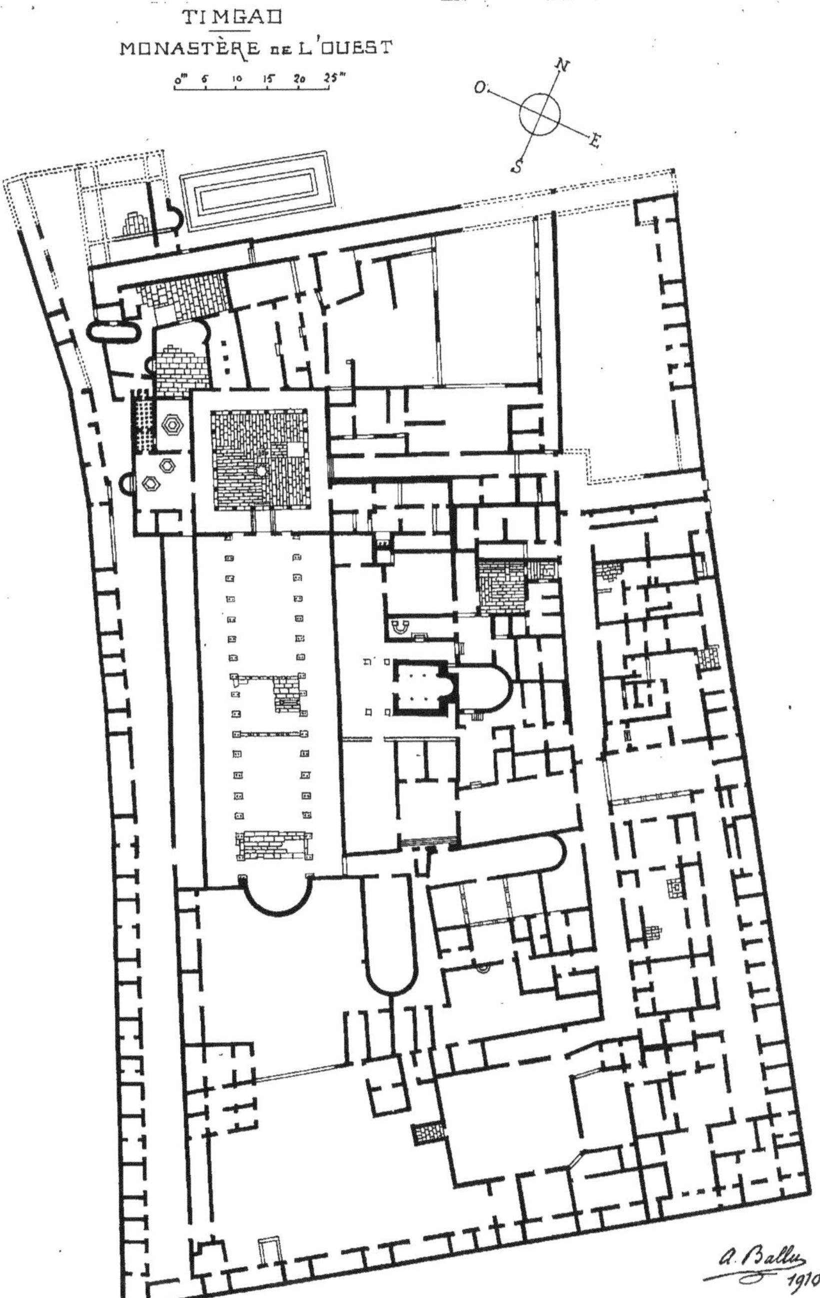

TIMGAD
MONASTÈRE DE L'OUEST
0m 5 10 15 20 25m
N
O
E
S
A. Ballu
1910

Le *quadrilatère enveloppant* comprend, sur les fronts est et sud, des bâtiments et des cours qu'entoure une suite ininterrompue de cases ou cellules; sur le côté ouest, la ruelle est également bordée par une file des mêmes cases.

QUADRILATÈRE INTÉRIEUR

Deux entrées étaient pratiquées dans la partie nord-est de cet ensemble de bâtisses: l'une, de service, était exactement à l'angle nord-est et accédait à un couloir (1) parcourant la largeur entière des constructions ; l'autre, qui était la principale, conduisait aussi à un couloir (2) aboutissant presque dans l'axe d'une cour intérieure, sorte d'atrium de forme sensiblement carrée et entourée de portiques (3).

Il y avait une différence de niveau de quatre marches entre le sol du couloir et celui de la cour (4) qui, fort bien dallée, possède, en son milieu, les restes d'un bassin dont les quatre côtés égaux (2 m. 15) se composent chacun de deux parties courbes, avec leur convexité tournée vers l'intérieur et une partie rectiligne intercalée. Au nord de ce bassin, à 1 mètre de distance, on voit une fontaine accompagnée d'un autre bassin tout simple de forme; une conduite d'eau partant de la cuve centrale traverse le dallage dans la direction nord.

Chaque côté de la place est bordé d'une ligne de piliers et de colonnes (5) au nombre de six ; le sol du portique était élevé d'un degré au-dessus de l'area.

La travée centrale (6) du côté sud de ce portique est occupée par un perron de trois marches disposées en avant sur la place et en retour sous la galerie, de façon à former une plate-forme élevée de 50 centimètres (7) au-dessus du dallage de la cour. Dans le mur du fond, on voit une large porte ; au bas du perron, à droite et à gauche, deux entrées secondaires s'ouvrant sur une église à trois nefs de 63 mètres de long et de 23 mètres de largeur.

---

(1) Limitant l'établissement au nord.

(2) Long de 36 mètres et large de 3 mètres.

(3) A cinq travées sur chaque face. Leur largeur est de 2 m. 60 ; le sol est recouvert de béton.

(4) 16 mètres sur 16 m. 25.

(5) Diamètre, 0 m. 50.

(6) Largeur, 3 m. 28.

(7) Sur une largeur de 4 mètres.

Cette cour précédant l'église n'était autre que le *paradisus* ou parvis.

Au nord du vestibule ou couloir d'entrée, on voit d'abord sur la droite de la porte d'accès, une galerie allant rejoindre le couloir limitant au nord les constructions, près de l'entrée de service ; une cour (1) longeant le flanc ouest de cette galerie (2) et le côté sud du couloir ; des bâtiments, sans divisions bien définies sur les deux autres faces de la cour ; puis, donnant sur le portique oriental de l'atrium, deux pièces et un corridor parallèle au vestibule d'entrée, ce corridor desservant deux petites chambres ; de plus, trois autres sur la galerie.

Ce que nous venons d'indiquer se trouve à l'est du mur oriental prolongé de l'atrium ; de l'autre côté, on voit trois longues salles s'appuyant, à l'une de leurs extrémités, sur le mur nord de l'atrium et, à l'autre, sur une pièce juxtaposée au couloir septentrional ; ensuite une salle, divisée en trois parties par deux piliers dans les mêmes conditions que les précédentes par rapport à l'atrium avec sa paroi nord communiquant à une salle qui faisait suite à celle mitoyenne du couloir. Cette dernière est dallée en pierre et donne aussi sur une grande pièce également dallée venant s'accoter dans l'angle nord-ouest de la cour. Deux hémicycles ornent ses côtés est et ouest. Enfin, à l'ouest de ces salles, au bout d'un retour peu prononcé, vers le sud, du couloir limite, trois chambres étaient disposées et leur affectation ne peut laisser de doute : c'étaient des salles de bains, ainsi d'ailleurs que les pièces dallées en pierre.

On reconnaît, dans la première pièce dallée, le frigidarium avec un petit bassin rectangulaire; pour la seconde, la même destination avec deux baignoires dans les hémicycles; une chambre tiède ayant une cuve oblongue aux deux extrémités demi-circulaires et une pièce de chauffe, puis une autre pièce affectée au même usage pour élever la température de deux caldaria (3) ménagés au sud des chambres qui nous occupent et voisines de salles fort intéressantes (dont nous donnerons plus loin la description) contenant les services du baptistère de la basilique.

(1) 15 mètres de large sur 29 de long.
(2) Qui était perpendiculaire au vestiaire d'entrée
(3) Ces caldaria ont conservé leurs piliers d'hypocaustes. Leur dallage, dont nous avons retrouvé des fragments, était en bel onyx.

Les bains, peu importants d'ailleurs, qui faisaient partie de l'établissement, se composaient donc des deux salles froides, d'un tepidarium, de deux salles de chauffe (1) et de deux caldaria, sans compter les trois petits bassins froids et la cuve chaude aux extrémités hémisphériques.

Ce petit ensemble formait sur la ruelle occidentale l'un des ressauts (2) dont nous avons parlé.

Pour terminer l'analyse de cette partie des bâtiments, nous mentionnerons, à l'extrémité nord-ouest de la galerie limite septentrionale, des amorces de chambres dont une est dallée et une autre garnie d'un petit hémicycle ; peut-être était-ce là une annexe des bains ci-dessus mentionnés ? Puis, à 3 mètres de distance de la galerie, un grand rectangle long de 23 mètres et large de 8 m. 50 entourant un bassin (longueur 18 mètres, largeur 3 mètres).

C'est vraisemblablement là que les religieux de l'époque se livraient aux besognes de lessive et de nettoyage de leurs effets. Dans cette fouille, nous avons mis au jour une grande nécropole dont les tombes sont de trois formes différentes :

1° Deux auges ou mangeoires pour les chevaux reliées entre elles, après ablation de la partie verticale de l'une des extrémités de façon à former un sarcophage, avec couvercle en pierre et l'intérieur rempli de chaux qui a plus ou moins pris la forme du corps. Ces sortes de sarcophages improvisés, peu nombreux, sont en grès, c'est-à-dire en pierre extraite des carrières immédiatement voisines des ruines.

2° De grandes tombes en tuiles et briques, ayant de 1 mètre à 1 mètre 30 de large, formées avec des tuiles plates (*tegulæ*) et des grandes briques de dallage des hypocaustes de thermes; dans l'intérieur de la tombe, chaux entourant le squelette. Ces sortes de tombes sont assez nombreuses.

3° Des tombes faites avec deux tegulæ se rejoignant par le haut et écartées l'une de l'autre par le bas, ou bien avec deux grandes dalles en terre cuite des thermes. Dans l'intérieur, de la chaux.

L'enlèvement de ces tombes a donné plusieurs centaines de tuiles plates et de grandes briques de thermes parfaitement conservées; dans aucune de ces tombes il n'a été trouvé de mobilier funéraire.

(1) Dont une a conservé les parties basses de son fourneau.

(2) Celui de l'angle nord-ouest qui est le plus saillant; à cet endroit la ruelle n'avait que 3 ou 4 mètres de large.

Une fois les tombes enlevées, nous avons aperçu, à 1 m. 50 au-dessous du niveau du sol des constructions, les murs de la grande salle au milieu de laquelle était le vaste bassin. Ces murs sont couverts, sur la paroi intérieure, d'un enduit qui a gardé des traces nombreuses de peintures. La construction en est très soignée et remonte certainement à une époque antérieure à celle de l'établissement.

Les religieux l'utilisèrent donc pour les lavages, puis, à une certaine époque, manquant probablement de place, ils s'en servirent comme de nécropole. Nous ne pouvons savoir à quel monument appartenait cette salle et son bassin avant leur utilisation par le clergé.

Si nous revenons vers l'atrium, nous voyons que son côté sud donnait, ainsi que nous l'avons dit, accès à une grande église par trois portes.

Ces portes débouchaient dans la nef centrale, longue de 56 mètres et large de 10 mètres. Des doubles colonnes disposées dans un sens perpendiculaire à l'axe longitudinal (1) portaient les bas-côtés dont la largeur était de 5 m. 15. Les piliers étaient au nombre de trente-deux: seize de chaque côté, sans les points d'appui accolés aux murs de face et du fond.

L'arc triomphal du chœur avait 10 m. 25 d'ouverture, et la profondeur de l'abside était de 5 m. 50. Un sarcophage en pierre a été trouvé sur le sol de la nef centrale et, pour trouver là d'autres tombes, il nous eût fallu fouiller au-dessous du béton qui recouvre le sol de l'église, opération qui aurait eu pour résultat de le démolir sans grand profit pour la science, car il est plus que probable que nous n'aurions pas trouvé d'inscriptions. Ce qu'il y a de certain, c'est que le sol a été établi au-dessus de tombes chrétiennes, et que cette nécropole est à 1 mètre de profondeur.

Il est regrettable qu'aucun texte épigraphique chrétien n'ait été exhumé; seule, devant l'abside, et formant une partie du dallage du martyrium, une pierre en partie martelée porte une inscription ; c'est un morceau réemployé et sans rapport avec la destination du lieu.

(1) Les colonnes de l'autre grande basilique chrétienne de Timgad sont disposées de la même manière. Voir *Les Ruines de Timgad* (E. Leroux, éditeur), page 235.

En voici le libellé :

C. AELIVS CRESGORTYNIS F GMVS BVCC DONATAE CONIVGI POSTERISQVE SVIS

Ce qui doit se lire :

C. *Ælius Cresgortynis f(ilius) G(a)mus Bucc(o) Donatæ conjugi posterisque suis.*

Traduction :

Caius Ælius Gamus, surnommé Bucco, fils de Cresgortyn (?), à sa femme Donata et à ses enfants.

Le sarcophage de la nef mesure 2 m. 05 de long sur o m. 60 de large; aucune inscription; à l'intérieur, un beau squelette d'homme de 1 m. 78 de taille. Ce sarcophage a une rainure assez large au milieu de laquelle se trouve une ouverture garnie de bronze qui correspondait avec la bouche du mort, le cadavre étant placé sur le decubitus dorsal. Les pieds étaient orientés vers l'est.

Outre les colonnes ou fragments de colonnes qui étaient renversées et que nous avons redressées, on a mis au jour de beaux chapiteaux de l'ordre corinthien (hauteur, o m. 50; largeur au tailloir, o m. 65).

Sur toute la longueur du collatéral ouest (23 mètres), se trouvent les substructions d'un couloir, large de 4 m. 50, qui n'avait aucune communication avec la basilique ; il s'ouvrait seulement sur la ruelle occidentale et conduisait aux services du baptistère, installés, comme il est indiqué plus haut, à l'ouest de l'atrium.

Au sud du chevet de la grande église, s'étend une grande cour de 27 mètres de large et de 25 mètres de long en moyenne avec de petits bâtiments dans ses angles méridionaux (1) et quatre salles étroites sur son flanc occidental.

Depuis le vestibule d'entrée du nord-est jusqu'au mur sud prolongé de la cour ci-dessus, mur qui limite aussi au nord le retour de la galerie de 85 mètres, s'étend un amas considérable de constructions, constituant la partie orientale de l'établissement religieux et comprenant toutes dépendances nécessaires.

Dans ces locaux sont englobées trois chapelles dont deux semblent avoir seulement servi d'oratoires.

_____

(1) Chaque angle est occupé par deux petites pièces.

Nous avons constaté, dans ces ruines, des bâtisses superposées et des sols, dont quelques-uns en mosaïques, recouverts soit par des dallages en pierre, soit par du béton, à des hauteurs variables; presque partout on rencontre des traces d'incendies. Cet endroit de Timgad a donc vu de terribles batailles ayant fort probablement la religion comme prétexte, et, conséquemment, des luttes entre les donatistes et les orthodoxes.

La chapelle, assez vaste, était disposée le long du flanc oriental de la Basilique, dans le milieu du bas-côté. Elle mesurait 17 mètres de large et 19 mètres de long, sans compter le chœur dont la profondeur dépassait 7 mètres et dont la forme était demi-circulaire à l'intérieur comme à l'extérieur. Son sol était dallé en mosaïque. Quant à sa disposition intérieure, nous ne sommes pas renseignés parce qu'à une époque ultérieure, et pour un motif qui nous échappe, on installa au centre de sa surface une autre église bien plus restreinte comme dimensions (8 mètres sur 9 mètres), qui a conservé les restes de ses deux bas-côtés séparés de la nef centrale par trois entrecolonnements (avec deux colonnes et deux demi-colonnes). Une porte de service était ménagée à l'extrémité du collatéral sud.

L'arc triomphal avait 3 m. 50 d'ouverture; le chœur était hémisphérique, mais encadré dans un rectangle de maçonnerie. Bâtie grossièrement, cette église avait des murs en pierre de 0 m. 85 d'épaisseur. Ceux de la première chapelle devaient être de même force, ainsi qu'en témoignent les restes de son abside; mais ils ont disparu et ont fait place à des murs ordinaires de 0 m. 50, aucune communication n'existant plus avec la basilique principale.

Dans une sorte de couloir (10 m. 50 de long sur 3 m. 25 de large), attenant au côté nord de la chapelle primitive, une fontaine (1), enlevée à une maison particulière de Thamugadi, avait été installée et avait servi de baptistère.

Il résulte de ce qui précède qu'une chapelle s'ouvrait sur la basilique, comme cela avait lieu fort souvent à l'époque chrétienne en Afrique et comme tant d'exemples en font foi (2). Vraisemblablement elle devait être une de ces *memoriæ*, contenant des reliques de martyrs, qui étaient annexées

(1) Sa forme est demi-circulaire; le côté plan était encadré par deux colonnettes et avait 1 m. 50 de large.
(2) A Damons-el-Karita, à Carthage, au monastère de Théveste, etc.

VUE PERSPECTIVE DU MONASTÈRE DE L'OUEST

aux grandes églises. Lorsqu'elle fut remplacée par l'autre petit sanctuaire, ce dernier servit peut-être au même usage; toutefois, comme toute communication avait été rompue avec la basilique, on peut supposer qu'il devint plutôt un oratoire pour le clergé.

Ses ruines étaient les seules qui émergeaient suffisamment de terre pour être reconnues avant les fouilles (1). C'est une des basiliques que nous avons déjà signalées (2), mais nous ne nous doutions pas qu'elle reposait sur le dallage d'une plus ancienne.

Si aucune communication de ce sanctuaire avec la grande basilique n'avait été réservée, on pouvait du moins y accéder par la galerie de 85 mètres, bordant à l'est les constructions dont nous nous occupons. Une porte s'ouvrait sur une courette d'allée en pierre, puis, après avoir traversé deux salles, on gravissait un escalier de quatre marches et l'on se trouvait dans l'enceinte de la chapelle primitive ayant à sa droite la petite salle réservée au baptistère, et à sa gauche le mur nord de la nouvelle chapelle. En contournant ce mur, on arrivait à la porte principale pratiquée sur la face ouest.

On remarquera que la chapelle était bien orientée avec son abside tournée du côté du levant. Mais il n'en était pas ainsi de la basilique dont l'élévation principale se trouvait au nord avec chœur au sud.

Au nord du baptistère s'étendait une cour de 13 mètres de large sur 10 mètres de long; elle était située à peu près dans le prolongement de la petite cour dallée (8 m. 40 sur 7 m. 40) et séparée du vestibule servant d'entrée à l'atrium de la Basilique par un massif de constructions épais de 12 mètres; sept pièces de dimensions différentes étaient alignées sur le flanc méridional de ce vestibule, puis, au sud de cette série, un nombre égal de chambres étaient disposées. Quelques-unes paraissent n'avoir pu être éclairées que du haut; une galerie de 9 m. 65 de long et de 2 m. 40 de largeur bordait le nord de la cour que des salles de 5 m. 10 de large séparaient, à l'ouest, de la Basilique.

A l'est de la chapelle se trouvait un espace vide primitivement occupé par le chœur du sanctuaire ancien; une

(1) Il y avait aussi les alignements de la grande église qui sortaient de terre, mais nous les avions pris pour ceux d'une large voie.
(2) *Les Ruines de Timgad*, par A. Ballu (E. Leroux, éditeur), page 234.

double rangée de pièces s'étalait sur le flanc oriental de cet emplacement. Une partie recevait la lumière du toit.

Au midi de la chapelle, enfin, on compte d'assez grandes salles rayonnant autour d'une autre cour dallée en béton (9 m. 15 sur 10 m. 30). Une de ces salles, de 8 m. 55 de largeur sur 17 m. 30, était mitoyenne avec une partie du collatéral est de la Basilique. Une autre, longue de 18 mètres sur 8 de large, s'ouvrait sur la galerie de 85 mètres.

Le mur sud de la cour bétonnée est percé de trois portes précédées par un escalier de cinq marches. De la porte, située à l'ouest, on accédait à un petit couloir (3 m. 20 de large) ouvert sur le bas-côté oriental de la Basilique; par la porte du milieu, à un réduit (3 m. 20 à 1 m. 20); par la troisième, on pénétrait latéralement dans un oratoire au sol recouvert de béton et mesurant 20 m. 63 de long sur 4 m. 80 de large avec orientation du chevet sur l'est, comme pour la chapelle.

Au sud du couloir, tout près du chœur de la Basilique et sur le flanc oriental de la place qui limite la grande église du côté sud, une troisième salle avec extrémité en hémicycle, orientée comme la Basilique, avait une longueur de 19 mètres sur une largeur de 7 m. 70. Dans le carré de constructions compris, d'une part, entre les deux oratoires, d'autre part, entre la galerie de 85 mètres et son retour à l'ouest, on compte une cour longeant le mur oriental de la troisième chapelle; une grande salle sise au sud de la seconde et divisée en trois parties par des colonnes (1); une chambre carrée ouverte sur celle-ci par trois entrecolonnements, douze petites pièces, une courette au sud-est du second oratoire et une cour irrégulière au sud de ces différentes distributions.

BAPTISTÈRE

A la page 35, nous avons dit que les chambres chaudes (2) disposées à l'ouest de l'atrium étaient attenantes à des salles contenant les services d'un baptistère. Voici la situation respective de ces pièces :

Le premier caldarium, celui qui possède un fornax desservi par la chambre de chauffe dont nous avons parlé, est le plus grand des deux. Il mesure 2 m. 70 sur 4 m. 70, cette

---

(1) Ces trois divisions sont formées par deux files de deux colonnes constituant chacune trois entrecolonnements.

(2) Ces chambres sont bâties en briques.

dernière dimension se trouvant dans le sens du nord au sud. Son côté méridional était percé d'une porte communiquant avec le deuxième caldarium, lequel avait également une porte sur son côté sud et une sur son flanc est.

Ces deux entrées menaient chacune à une grande pièce : l'une, s'allongeant sur la longueur des deux caldaria, mesurait 8 m. 30 sur 6 m. 35 ; l'autre, située au sud de la précédente et du petit caldarium, avait 8 m. 90 sur 9 m. 60; sur son côté ouest, petite piscine demi-circulaire de 2 m. 10 de large sur 1 m. 60 de profondeur, dans laquelle on descendait par deux degrés; sur son flanc sud, trois petites pièces dont les deux extrêmes seules communiquaient avec elle.

Ce groupe de salles, à savoir les deux caldaria, les deux grandes pièces, les trois petites chambres, flanquaient le côté occidental de l'atrium; de la plus petite des divisions disposées au sud de la deuxième grande pièce, on parvenait à la galerie qui longeait le collatéral ouest de la Basilique (1).

La première des deux pièces communiquant avec le plus petit caldarium, celle située à l'est des chambres chaudes, est dallée de mosaïque. En son milieu, un petit monument hexagonal se dresse : il a 4 mètres de largeur : c'est un baptistère. La cuve, profonde de 1 mètre, est dans le fond, large de 1 m. 90; trois degrés permettaient d'y descendre. La marche supérieure émergeant du sol de 0 m. 30, le fond de la cuve n'est qu'à 0 m. 70 en contre-bas dudit sol.

Ce degré du haut ou plutôt le rebord de la cuve, avait 0 m. 47 de largeur. Il était entièrement recouvert de mosaïques de marbre; si, malheureusement, celles de sa partie horizontale ont disparu, le reste est intact, ainsi que les mosaïques des deux autres marches et du fond de la cuve.

C'est là une découverte bien intéressante et fort nouvelle. L'effet de la décoration en est merveilleux et, comme il faut à tout prix qu'elle reste visible au public; comme, d'autre part, il était impossible de laisser ces mosaïques exposées aux intempéries, nous avons dû remonter les quatre murs de la salle contenant cette cuve baptismale afin de la couvrir d'un toit qui la protège.

Sur le dessus du gradin inférieur, on voit de délicieux chrismes blancs sur fond rose disposés à chacun des angles de l'hexagone. Ces chrismes se composent d'un ⊲ dont la tige

(1) Voir page 37.

verticale est coupée transversalement par une ligne horizontale formant croix avec cette tige. De l'intersection de ces deux lignes, s'échappent deux autres en diagonale, représentant le X. Le tout est entouré d'un cercle.

Cette forme de chrisme, extrêmement rare en Afrique, semble indiquer la dernière moitié du ve siècle et paraît avoir succédé aux monogrammes du quatrième et commencement du cinquième siècle, qui ont été trouvés avec des inscriptions datées.

Le reste du gradin est décoré d'ornements en zigzag ou plutôt de lignes biaises de diverses couleurs se rencontrant du haut en bas, suivant des angles aigus. Cette ornementation couvre aussi bien la partie verticale que le dessus du degré, et sans interruption; ces deux parties se rejoignant par un arrondi, car la mosaïque ne permet pas d'angle droit à l'intersection des surfaces qu'elle recouvre.

Le radier de la cuve se compose de dessins représentant des carrés de ton noir interposés dans d'autres carrés à fond jaune pâle et vert. Deux de ces carrés noirs ont un intérieur blanc avec croix noire.

Le gradin intermédiaire est décoré comme celui du haut, mais il ne contient pas la représentation des chrismes.

Le gradin supérieur dont, ainsi que nous l'avons dit, le dessus a été détérioré, offre sur sa paroi verticale intérieure les mêmes zigzags que les autres marches, mais, au lieu d'être d'une forme purement hexagonale, son plan donne deux angles au lieu d'un à la rencontre des côtés, c'est-à-dire que l'angle obtus de ces côtés est abattu par l'interposition d'un troisième petit pan, long et haut de o m. 32.

Sur la paroi verticale extérieure du rebord du bassin baptismal figurent des ornements en feuilles de lauriers de plusieurs tons avec sertis noirs. Au milieu de chaque panneau se trouve un chrisme blanc avec fond rose du même dessin que celui du gradin inférieur, mais avec cette particularité que la branche droite du X manque, le demi-cercle du ◁ ayant gêné le tracé, ce qui n'a pas lieu pour les dessins des autres monogrammes. La bordure circulaire du chrisme est blanche.

La cuve est entourée sur le sol d'une bordure parallèle à ses côtés. Ce dallage, en mosaïque ornementale à feuillages, est fort riche de couleur; des rinceaux de fleurs et de

CUVE BAPTISMALE DU MONASTÈRE DE L'OUEST

feuilles s'échappent, dans les quatre angles de la salle, de vases eucharistiques ornés de godrons en forme d'S.

Comme la mosaïque du bassin baptismal, le pavement de la chambre reste apparent, le toit placé au-dessus de la salle donnant toutes garanties de sécurité pour sa conservation (1).

La seconde pièce, située au sud de la salle baptismale et du petit caldarium, avait également un dallage en mosaïque de marbre.

Outre son petit bassin demi-circulaire (voir page 41), elle contenait jadis deux cuves hexagonales dont nous avons relevé les traces sur le dallage. On peut donc considérer cette salle comme une annexe de la salle des baptêmes, mais il est inutile d'insister sur ce fait que les deux cuves « auxiliaires » ne devaient avoir aucunement la richesse de la principale, d'ailleurs sensiblement plus grande qu'elles.

Nous rappellerons que nous avons signalé plus haut (pages 38 et 39) la présence d'une chambre baptismale attenante à la chapelle disposée sur le côté oriental de la Basilique. L'établissement religieux possédait donc trois salles consacrées à ce service, mais peut-être est-il plus exact de dire que la cuve baptismale improvisée et installée près de la chapelle, n'a existé qu'après la disparition des autres, comme ladite chapelle, elle aussi, n'a été établie que postérieurement à la construction de celle dont elle a pris la place en partie.

Telle est l'énumération des nombreux bâtiments contenus dans le périmètre du quadrilatère qui se dessine fort nettement au centre du plan dont nous étudions les détails. Nous pensons que cette belle église était l'une des deux cathédrales qui existaient en même temps à Thamugadi pendant tout le IVᵉ siècle et jusqu'en 420, l'une étant orthodoxe et l'autre donatiste; qu'au fur et à mesure des besoins du culte, on établit près du sanctuaire les services nécessaires tels que palais épiscopal (2), bibliothèques, magasins,

(1) C'est malheureusement là le seul exemple de mosaïque de dallage laissé sur place à Timgad; nous sommes, en effet, forcés de les recouvrir toutes de terre pour les protéger des intempéries; ou bien nous les transportons au Musée, quand leurs dimensions nous le permettent.

(2) La demeure de l'évêque semble avoir existé dans l'angle sud-est des ruines du quadrilatère intérieur, à côté des deux oratoires.

déjà mentionnées des angles sud-est et sud-ouest de la cour
précitée (voir page 37).

Il ne reste plus qu'à parler des cellules qui donnaient
sur la ruelle (1) longeant tout le côté ouest de ce que nous
avons appelé « le quadrilatère intérieur ». Ces cases, au
nombre d'une trentaine comme il a été dit, avaient 3 mètres
de profondeur; leur largeur, comme d'ailleurs celle de toutes
les autres des côtés est et sud, étaient très variables. De la
ruelle on parvenait à la grande cour des cellules sud par une
porte ménagée dans son angle sud-ouest et traversant le
couloir qui séparait cette cour de la ruelle. Là, il y avait une
case double faisant légèrement ressaut ; une fontaine se
trouvait également à cet endroit.

Un fait sur lequel il faut attirer l'attention, c'est la grande
quantité de traces d'incendies que nous avons trouvées au
cours des fouilles de ce monastère. Il est certain qu'il y eut,
à l'époque des grandes querelles religieuses, des combats
acharnés où le feu était employé comme le moyen de destruction le plus pratique et le plus complet. Nous avons également constaté l'existence de plusieurs sols superposés dans
les ruines des bâtiments disposés à l'est de la basilique; ce
qui indique qu'on ne tardait pas à réparer les désastres, à
relever les murailles renversées. Une grande quantité d'objets furent aussi découverts, pour la plupart au milieu de
plusieurs couches de cendres.

§ II

TOMBES DE VÉTÉRANS DE LA IIIᵉ LÉGION

Les opérations de déblai des beaux restes de ce grand
établissement religieux nous donnèrent un certain nombre
de tombes païennes, placées un peu partout, en dehors de
celles qui, exhumées dans le grand bassin situé au nord des
ruines, sont de l'époque chrétienne, ainsi qu'il a été dit ci-
dessus.

Quelques-unes de ces tombes contiennent des épitaphes
de vétérans de la IIIᵉ légion Auguste, bien que le nom de

(1) Voir page 32.

cette légion n'y figure pas (1). Or, si l'on pensait bien que Thamugadi avait été l'un des lieux de retraite des anciens soldats romains, comme Lambèse, Verecunda, Casæ, Seriana, Diana, Veteranorum, etc., on n'avait jusqu'ici trouvé aucun texte épigraphique les concernant.

Nous pouvons donner la raison de la présence de fragments funéraires païens dans les restes de notre monastère.

Nous ignorons encore où sont les nécropoles de la Thamugadi primitive impériale, mais nous ne serions pas très éloigné de croire qu'elles se trouvent en dehors des ruines reconnues et du périmètre concédé à l'état dans les champs cultivés alentour par les indigènes de la plaine. A l'époque chrétienne du bas-empire, on s'est servi pour l'édification des églises, des maisons et, en particulier, du monastère, de matériaux provenant des édifices païens, sans en excepter les tombes elles-mêmes ; toutes les ruines romaines d'Afrique en offrent de nombreux exemples. Aussi, dans le cas présent, puisque nous n'avons pu fouiller de cimetières du temps des empereurs et que nous déblayons les constructions pour l'édification desquelles ces cimetières ont été pillés, il en résulte que nous trouvons seulement maintenant ces renseignements dont l'importance n'échappera à personne, car ils comblent une lacune de l'histoire de Timgad.

Nous donnerons seulement les trois textes qui suivent et qui sont relatifs à des vétérans :

D. M. S.

ALFIDIVS FE

LIX VET. V. A. L. VX

HER. VIVS

FECERVN

T.

D. M. S.

CAECILIVS

VICTOR VET

VIX. ANN.

LX

FIL. PATRI

CAR. FECER.

(1) Il ne figure pas davantage sur les monuments honorifiques soit du Forum soit des divers monuments de la ville, et cependant ce sont les légionnaires qui ont fondé Thamugadi.

A
FAVST//////////
A   VA/////////
C. IVNIVS
FVSCVS
VET. CON
IVGI CAR
ISSIME P
OSVIT

La vétérance, sous l'empire romain, était obtenue pour les soldats des légions à vingt ans seulement de service ; pour ceux des troupes auxiliaires, à 25 années (1). On donnait aux anciens militaires des terres à cultiver, le plus souvent près des frontières qu'ils contribuaient à garder et à défendre.

(1) Dictionnaire des antiquités grecques et romaines de Saglio. Article de M. R. CAGNAT, *Exercitus*, page 919, tome II.

CHAPITRE IV

§ Ier

ENTREPOT OU SALLE DES VENTES

A 8 mètres de la porte de Lambèse, sur le côté sud de la voie triomphale, commence un portique à 8 travées formées par deux piliers d'angle (1) et 7 colonnes dont quatre subsistent. La quatrième travée, plus large (2) que les autres, fait face à une porte (3) donnant accès à une salle dallée en pierre comme le portique, mesurant 10 m. 40 de large avec autant de profondeur, et flanquée de deux galeries.

Dans la travée correspondante à la porte, on voit sur le trottoir les traces de l'habitude qu'on avait d'y faire buter la partie postérieure des roues des chars (4), l'usure du bord du trottoir ne pouvant laisser aucun doute à ce sujet, car cette usure n'existe dans le trottoir que du côté de la voie.

Si les chars reculaient jusqu'à ce point, c'est qu'ils venaient y décharger des marchandises, lesquelles étaient aussitôt transportées dans la salle par la porte largement ouverte qui ne servait qu'à cet usage, ainsi que le prouvent à la fois la distance qu'on constate entre les restes des crapaudines, et la présence d'une petite porte (largeur : 1 m. 28) qui, juxtaposée à la grande, était utilisée pour le passage des personnes lorsque l'autre était fermée.

(1) Il reste aussi le pilier le plus voisin de la porte.
(2) 3 m. 10.
(3) Largeur, 3 m. 26.
(4) L'écartement d'axe en axe des roues des chars antiques, qui venaient décharger là, était de 1 m. 45, mesure constatée déjà entre les sillons du dallage sous l'arc de triomphe de Trajan.

Le vestibule, dans lequel on pénétrait ainsi, avait sur les côtés, assez près du mur de face, deux autres petites entrées et, au fond, une deuxième grande porte placée dans l'axe de la première, de semblable dimension et avec les mêmes traces de fermeture. On débouchait alors dans un portique (1) qui entourait les quatre côtés d'une vaste cour large de 12 m. 50 sur 20 mètres de long.

La face septentrionale de la cour comprenait cinq travées de colonnes ; au milieu, devant l'entrée, un bassin (3 m. 65 sur 2 m. 60). Chaque côté du portique, à l'est et à l'ouest, était formé de 9 entrecolonnements ; le sol était recouvert de béton. La face du fond, comme celle antérieure, comptait cinq intervalles de piliers; et, dans l'un de ces intervalles, était disposé un terre-plein large de 2 m. 72 avec une saillie, dans la cour, de 0 m. 75.

Le sol de la partie méridionale de la galerie entourant l'*area* était dallé en marbres veinés de vert et en brèches rouges d'Afrique; il était élevé, au-dessus du sol du reste du portique, de 1 m. 50, niveau qu'on atteignait en franchissant, au bout des galeries latérales, un escalier de sept marches. Il y avait donc là une sorte d'estrade toute faite du haut de laquelle se faisaient probablement les ventes des marchandises qui étaient déposées soit dans la salle carrée de l'entrée, soit sous les larges portiques de la cour (2).

Le mur du fond de la galerie méridionale était percé de trois portes : deux petites (largeur : 1 m. 10) et une grande dans l'axe (largeur : 2 m. 40). Ces baies donnaient accès à une belle salle (large de 8 m. 20 et longue de 10 m. 25), dont le sol était fait d'une mosaïque très jolie et très fine, malheureusement en mauvais état.

Cette salle avait, sur les côtés, encore deux portes placées à proximité des autres entrées, le reste de la pièce étant fermé. Faut-il voir là une salle réservée aux commerçants, où le public n'était pas admis? Il serait téméraire de l'affirmer, bien que la distribution des divers locaux de cet intéressant édifice donne beaucoup de vraisemblance à ces suppositions.

Un fait remarquable à noter dans les portiques de la cour, c'est l'existence de clôture de pierre de 1 mètre de

---

(1) La partie antérieure de ce portique a son sol dallé en pierre.

(2) La largeur de ces galeries est au nord, de 3 m. 55; à l'est, de 3 m. 90 à l'ouest, de 3 m. 40; enfin, le fond mesure 4 m. 70.

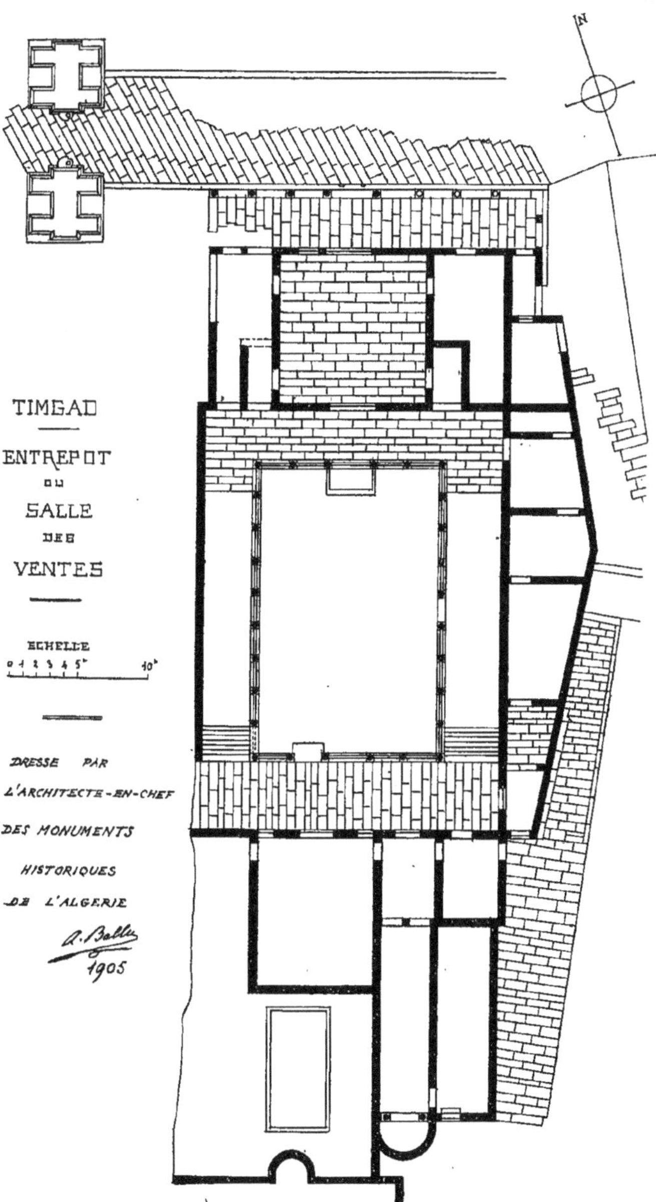

TIMGAD
ENTREPOT
OU
SALLE
DES
VENTES
ECHELLE
0 1 2 3 4 5ᵐ   10ᵐ
DRESSE PAR
L'ARCHITECTE-EN-CHEF
DES MONUMENTS
HISTORIQUES
DE L'ALGERIE
A. Ballu
1905
N

hauteur entre toutes les travées. Ces fermetures en dalles de grès ont été établies à la place de traverses en bois qui avaient été primitivement installées et avaient été jugées insuffisantes comme solidité ; c'est ce que nous avons pu très nettement constater sur place en remarquant les entailles ménagées tout d'abord sur les flancs des colonnes pour recevoir les barrières. La hauteur de ces entailles au-dessus du sol est la même que le dessus des dalles verticales.

Les colonnes en pierre de grès n'avaient pas paru d'une richesse suffisante aux constructeurs du monument ; aussi prirent-ils le soin de les revêtir de stuc comme à Pompéi. C'est le premier exemple de ce genre de décoration de colonnes que nous ayons vu à Timgad, sinon dans l'Algérie romaine (1).

L'ornementation de la salle dallée en mosaïque devait être très riche si l'on en juge non seulement par les restes de son beau pavement, mais aussi par les fragments nombreux de plaques en brèche d'onyx qui ont été trouvés et qui garnissaient la partie inférieure des murs.

Le placage avait o m. o3 d'épaisseur ; il était couronné par une sorte de cimaise plate de o m. 24 de hauteur, et son déversement était maintenu par une pénétration de o m. o3 que la plaque faisait dans la cimaise, en retraite de son parement.

Une suite de pièces plus ou moins grandes entouraient cette belle salle, mais leurs divisions ont été quelque peu remaniées jadis. On voit encore toutefois, à l'est de la salle, un espace de 13 mètres de long sur 3 m. 6o de large qui se termine vers le sud par un hémicycle profond de 2 m. 65 et précédé de deux colonnes dégagées. Un vestibule (3 m. 8o sur 5 m. 5o) reliait la salle au portique. Faut-il voir là un oratoire chrétien établi à une basse époque ? Ses dimensions ne permettent guère de le croire.

Tant au midi qu'à l'est du monument, une série de pièces étaient adossées aux portiques. Nous comptons, du côté oriental, sept chambres donnant sur une rue perpendiculaire au Decumanus Maximus, ainsi qu'une porte de sortie percée dans le bout de la galerie supérieure.

---

(1) Cet enduit de stuc a o m. o3 d'épaisseur.
Nous avons trouvé un second exemple de cette décoration de colonnes dans la maison des *Antistius* à Announa (Thibilis).

A l'est de la salle à l'hémicycle, il y avait une pièce aussi longue qu'elle et plus large, toujours éclairée sur la même voie, avec porte au midi; puis entre ladite pièce et le portique, une chambre (3 m. 85 sur 5 m. 50) dont le mur sud prolongé traversait la rue dans laquelle la circulation était assurée ou interdite suivant que la porte, large de 1 m. 90, qu'on y avait établie, était ouverte ou fermée.

Enfin, au sud-ouest de l'hémicycle, nous relevons les traces d'un bassin qui avait 4 m. 45 de large sur 8 m. 60, et les restes d'une salle dallée en mosaïque de 6 mètres sur 5 m. 55, autour de laquelle rayonnaient plusieurs chambres; au nord, une galerie munie, en son milieu, d'une niche hémisphérique large de 3 m. 30, avec dallage de mosaïque de marbre. Une conduite d'eau partait de ladite galerie pour rejoindre l'angle sud-ouest de la grande salle aux revêtements d'onyx.

On peut voir, par ce qui précède, l'intérêt que peut offrir la découverte de l'édifice qui nous occupe. Ses dispositions nous permettent de penser qu'il servait d'entrepôt pour les marchandises et peut-être de salle de ventes aux enchères publiques (1).

Le fait, d'ailleurs, n'aurait rien de surprenant, car on n'ignore pas que la vente volontaire ou forcée de certains biens d'un particulier (*auctio*) devint la « règle générale dans le système de procédure du bas-empire » (2).

§ II

TOMBES CHRÉTIENNES

Séparé de l'entrepôt par une rue de 7 mètres de large, un îlot, disposé à l'est de ce bâtiment sur la voie triomphale, possédait un portique de 35 mètres de long, aux piliers très rapprochés. Sur son côté ouest, le long de la voie (de 7 mètres) perpendiculaire au Decumanus, une autre galerie,

(1) Les deux dimensions de ce bâtiment sont de 25 mètres de largeur sur 69 de longueur.

(2) *Dictionnaire des Antiquités*, Daremberg et Saglio, page 543 (tome Ier).. L'exposition préalable des objets ou marchandises à vendre pouvait avoir lieu dans les galeries avoisinant la cour.

longue de 26 mètres, a laissé ses traces et notamment trois débris de colonnes en place.

Le côté oriental de l'insula est coupé par le ravin qui a séparé en deux parties les ruines de Timgad et fait disparaître à cet endroit une partie de la grande voie. Dans cette direction nous n'avons pas pu trouver les limites de l'édifice qui, du reste, a laissé des vestiges insignifiants des murs intérieurs déterminant jadis les dispositions de ses différentes salles. Mais en revanche, nous avons exhumé une véritable nécropole chrétienne renfermant une cinquantaine de tombes, et les traces assez reconnaissables d'une petite chapelle.

Il y avait là certainement, dans l'antiquité païenne, des constructions qui, pour une raison que nous ignorons, furent anéanties et rasées; on en profita alors pour y mettre des tombeaux qui furent construits avec des débris de monuments païens; les uns sont encadrés de dalles de pierre, les autres ont emprunté aux bains voisins des terres-cuites qui servaient à porter les planchers des hypocaustes; d'autres, enfin, sont formées de tuiles de couverture (1).

Ces détails suffiraient pour révéler la basse époque de cette petite nécropole. Quelques inscriptions que nous avons recueillies la déterminent encore mieux.

Voici quelques exemples de tombes avec épitaphes en mosaïque :

1° Cubes bleus (schiste) et blanc (marbre) ; lettres de o m. 13 de hauteur :

///////////// EQVIEVIT II V ///////

IXII MVS EX ////////////

2° Cubes rouges et blancs; lettres de o m. 15 de haut :

MI //////////////// AV ///////

//////////////// EVI //////

T /////////

---

(1) Voir page 35.

MOSAÏQUE TOMBALE

3° Inscription en trois couleurs placée au bas de la tombe. Hauteur des lettres, o m. 13 :

MEMORIA HERM ////////////
HERMETIA NVIN ////////

4° Inscription placée dans une circonférence au milieu de la tombe. Hauteur des lettres, o m. 13.

HERACLI ////////////////
//////////// LIAE ////////

5° Hauteur des lettres, o m. 11 :

MEMORI ///////////
ELI //////////////////////
//////////// C ////////////
//////// AP ////////////

6° Dans une couronne figurant des feuillages et encadrée dans un carré dont les coins sont occupés par des triangles de couleur; inscription sur fond blanc avec lettres de dimensions différentes :

GETV
LA IN PA
CE VIXIT
ANIS XXVIII

Getula (repose) en paix; elle vécut 28 ans (1).

Le G de Getula, comme on le voit dans la photographie que nous donnons de cette épitaphe, est d'un mauvais dessin. Il ressemble plus à la partie supérieure d'un S qu'à la lettre qu'on a voulu représenter. Mais ces défauts de tracés sont très fréquents à l'époque chrétienne.

L'inscription nous paraissait intéressante en raison de son cadre et de son état de conservation ; nous entreprîmes donc de l'enlever avec son enduit pour la transporter au musée. Au cours de l'opération, un sarcophage en calcaire blanc nous est apparu intact avec son couvercle et un beau

(1) Remarquer la faute d'orthographe : *Anis* au lieu *d'Annis*.

chrisme placé sur l'un de ses petits côtés. Le X et le ◄, accompagnés de l'X et de l'A, sont entourés d'un cercle en relief sculpté sur une partie saillante, en forme de segment de cercle, de la pierre. Le couvercle du sarcophage est également arrondi à cet endroit qui correspondait à la place de la tête du squelette, trouvé en entier.

De plus, l'un des côtés de la tombe de pierre contient une inscription en trois lignes gravée et entourée, sauf dans le bas, d'un rang de perles. Voici ce texte, qui, sans rapport avec le premier, avait trait à une dame romaine dont le cadavre dut faire place à la nouvelle venue :

FLAVIA ALBVLA BONAE MEMORIAE IN EO
SARTOFA GOCONSTITVTA IN QVIBVS
VIXITAN NIS OCTOGINTA QVINQVE

Le mot *sartofago* (sarcophage) est séparé en deux, comme le mot *annis,* parce qu'il y avait là un trou dans la pierre.

« Flavia Albula, de bonne mémoire, placée dans ce sarcophage, a vécu 85 ans. »

La longueur de la tombe est de 2 m. 05; la largeur à la tête, 0 m. 70 ; la largeur au pied, 0 m. 38.

En examinant avec soin le squelette, on a pu se rendre compte que le crâne est bien celui d'une femme; qu'il est orthognate et dolichocéphale. Le front, un peu bas, était bien développé dans les deux sens horizontaux. La denture, en parfait état, ne présente aucune altération de l'ordre adamentin; de plus l'inspection des ossements a démontré que le squelette était celui d'une personne de petite taille.

Pour terminer les inscriptions funéraires, nous citerons les deux suivantes que nous avons trouvées au cours des fouilles des rues voisines, et qui sont païennes :

LIBOSO QVIN
TIANI SER
BENE MERENTI
IVSSV DO
MINI

« A Libosus, esclave de Quintianus, plein de mérite, par ordre de son maître. »

VUE PERSPECTIVE DU PORTIQUE NORD DU FORUM

Sur une stèle calcaire :

D. M. S.
T.   COCLEIVS
MAXIMVS
VA   XXXX
IVLIA   VRBANA
VIR   SVO   FECIT
H. S. E.

§ III

RESTAURATION DE LA PORTE DE L'OUEST

La porte ouest de la ville, ou plutôt la porte de Lambèse (1), située, comme on se le rappelle, à l'extrémité du Decumanus Maximus, était entièrement renversée. Les huit colonnes, cannelées avec rudentures et de l'ordre corinthien, comme celles de l'arc de Trajan, gisaient à terre, ainsi que la partie supérieure du piédestal qui les portait.

Il eût été vraiment fâcheux d'abandonner ces restes sans chercher à les remettre en place, opération d'autant plus justifiée que presque tous les éléments se trouvaient rassemblés à pied d'œuvre. Nous procédâmes donc, en 1905, au remontage en complétant les rares morceaux manquants du socle des colonnes.

Nous donnons ci-jointe une vue photographique des ruines de cette porte ainsi qu'un tracé de son plan (page 59). La largeur totale était de 13 m. 70; son épaisseur, de 5 mètres. L'ouverture entre les piédroits, de 4 mètres; et le passage libre entre les battants repliés, de 2 m. 50.

§ IV

REPOSE DE COLONNES DANS LE FORUM

Au cours des opérations de déblais dans les diverses parties des ruines, nous avons rencontré de nombreux morceaux

_____

(1) *Les Ruines de Timgad*, page 109. *Nouvelles Découvertes*, page 14.

de colonnes qui garnissaient le Forum et en soutenaient les portiques.

Nous avons patiemment et avec le plus grand soin recueilli ces fragments dispersés de plusieurs côtés et nous les avons consciencieusement replacés sur leurs bases. C'est ainsi que nous avons été à même de remonter une grande partie de la colonnade nord du Forum, soit 8 entières avec leurs chapiteaux et 4 tronquées ; 2 colonnes complètes de l'entrée principale de la place publique ; enfin les deux autres (1) qui décoraient le fond de la tribune de la basilique judiciaire. Ces dernières, dont l'une a pu être rétablie avec son chapiteau, ont leur fût entièrement cannelé en spirale comme celles de l'annexe de la Curie (2).

(1) Toutes ces colonnes étaient de l'ordre corinthien.
(2) *Les Ruines de Timgad*, page 149.

VUE PERSPECTIVE DE LA PORTE DE LAMBÈSE RESTAURÉE

TIMGAD
PORTE DE LAMBESE
0 1 2 3 4 5 mes.
N

CHAPITRE V

§ Ier

VOIES DIVERSES

A la fin de l'année 1902, les voies qui avaient été découvertes dans la cité étaient les suivantes :

1° *Voies parallèles au Decumanus Maximus.*

Quartier nord-ouest, six voies sur une longueur de 90 à 100 mètres; quartier nord-est, six voies sur une longueur de 30 mètres; quartier sud-ouest, six voies, c'est-à-dire la totalité; quartier sud-est, quelques amorces seulement.

2° *Voies parallèles au Cardo Maximus.*

Quartier nord-ouest, 3 voies sur la longueur totale, sans compter le Cardo; 2 voies sur une longueur de 50 mètres (1); quartier nord-est, une sur la longueur totale; quartier sud-ouest, la totalité des voies; quartier sud-est, une sur la longueur totale.

Au delà des limites de la cité de Trajan, nous ne connaissions que le Decumanus ouest prolongé ; la voie du Capitole et une partie de sa continuation vers le nord ; la voie des Thermes sud et une partie de la rue longeant le côté occidental de ces bains. Aujourd'hui, les quartiers nord-ouest, nord-est, sud-ouest de la cité ont toutes leurs voies mises au jour; seul, celui du sud-est n'en a guère que la moitié, mais le reste semble avoir disparu et il se pourrait fort bien qu'on n'en retrouvât pas davantage par la suite.

---

(1) Voir *Les nouvelles Découvertes de Timgad*, page 17, et le plan général donné au commencement du volume. Le plan donné page 6 indique un Cardo de trop dans les quartiers nord-est et sud-est où il ne s'en trouvait que six et non pas sept.

Nous avons déjà dit que, sauf le Cardo et le Decumanus Maximus dallés en belles pierres bleues très dures, les autres voies n'avaient été pavées qu'en grès du pays (1). Plusieurs d'entre elles ont perdu ce dallage, mais, partout où il est resté, les égouts sont demeurés intacts, à peu d'exceptions près.

Il faut admirer d'ailleurs avec quel soin, avec quelle recherche même, les précautions avaient été prises à Thamugadi pour sauvegarder l'hygiène publique. Non seulement les égouts recevaient les eaux des fontaines publiques ou privées, des nombreux établissements de bains, les eaux de pluie recueillies par des tuyaux de descente en pierre installés à l'extérieur des édifices de la ville ou des maisons; mais encore les liquides et matières provenant des latrines municipales ou particulières étaient emportés au loin, organisation qui parait ainsi à tous dangers d'infection.

Les pentes des rues avaient été merveilleusement utilisées pour que les écoulements pussent se faire avec la plus grande rapidité; celles des voies longitudinales, c'est-à-dire se dirigeant du sud au nord, étaient naturelles puisqu'elles suivaient la déclivité de la chaîne aurasienne. Quant aux pentes des rues transversales, là où le terrain n'en comportait pas, on s'était arrangé pour les installer artificiellement.

Voici quel était le régime de ces eaux usagées dans les quatre sections de la cité :

Au sud-ouest et au sud-est, les égouts allant du sud au nord servaient de collecteurs aux canaux transversaux et se déversaient dans le grand égout de la voie triomphale, pourvue d'une inclinaison très accentuée vers l'est et vers l'ouest. Il y avait donc là un premier exutoire pour les liquides de la partie méridionale de la cité; mais les canaux longitudinaux ne s'arrêtaient pas à celui du Decumanus Maximus; ils le traversaient, et continuaient leur course suivant la pente générale de la ville, en entraînant loin d'elle toutes les impuretés produites par les habitants.

Le Forum aussi avait des égouts (2) communiquant avec le canal souterrain du Decumanus ; l'orchestra du théâtre, exposée à la pluie, avait également le sien. Je rappellerai

(1) *Les nouvelles Découvertes de Timgad,* page 17.
(2) *Les Ruines de Timgad,* page 120.

que, pour éviter les engorgements possibles à l'endroit des croisements des rues, des tampons de visite en pierre (1) facilement maniables avaient été disposés partout où la nécessité s'en était fait sentir.

Combien de villes modernes pourraient soutenir la comparaison avec Timgad au point de vue des aménagements relatifs à la salubrité ? Un jeune docteur de Bougie, M. Legrain, qui a visité nos ruines en octobre dernier (2), s'en montrait émerveillé et surpris ; il prétendait que bien des maladies, bien des désertions forcées de centres insalubres eussent été évitées si les fondateurs de villages nouveaux en Algérie avaient pris le dixième des mesures hygiéniques observées par les Romains au moment de la création de Thamugadi.

Pour cela, comme pour l'hydraulique agricole, pour le captage des sources, pour les barrages, l'archéologie romaine est pleine d'enseignements. Mais nos ingénieurs si férus de mathématiques spéciales ne dédaignent-ils pas fort souvent les études archéologiques ?

Nous pourrions en dire long sur ce sujet et nous sortirions de notre programme. Nous ne pensons pas toutefois avoir abusé de la patience du lecteur, en faisant remarquer les exemples à suivre et à prendre dans l'antiquité.

La longueur des voies transversales (de l'est à l'ouest) est, dans la cité, de 290 mètres environ ; le Decumanus Maximus, de la porte de Mascula à l'arc de Trajan, mesure 315 mètres. Dans les quartiers nord les rues longitudinales ont 162 mètres de long, et 158 dans la fraction sud. Presque partout le dallage est disposé en biais ; quelques rues ont été, en partie, occupées par des constructions annexes soit formant avancées soit coupant entièrement la circulation (3). L'église bâtie sur la deuxième voie longitudinale à l'ouest du Cardo Maximus nord témoigne encore davantage du peu de respect où, à une basse époque, étaient tenus les règlements de voirie municipale (4).

(1) *Les Ruines de Timgad*, page 100. *Les nouvelles Découvertes*, page 18.
(2) Le 12 octobre 1909.
(3) Voir *Les Ruines de Timgad*, page 228.
(4) *Les nouvelles Découvertes de Timgad*, page 26. Il est même fort probable que cette basilique, construite avec des matériaux empruntés notamment à la bibliothèque, soit postérieure à la destruction de la cité.

En dehors de la cité, les voies nouvellement déblayées sont les suivantes :

A l'ouest, rue longeant le côté est de l'entrepôt (1), longueur de 65 mètres; rue séparant le carré des tombes chrétiennes d'un établissement de thermes que nous décrirons plus loin (2), longueur 35 mètres; rue joignant le Decumanus à la basilique-cathédrale nord (3), longueur 100 mètres; rue distante de 24 mètres du marché aux vêtements (4) et se dirigeant sur le temple de Jupiter Capitolin, longueur 70 mètres.

Au sud, rue partant de la pointe méridionale des grands thermes et conduisant à de petits bains dont nous parlerons ci-après (5). Cette voie, déjà amorcée en 1902 sur une longueur de 30 mètres, se continue actuellement sur 55 mètres de long. Rue déjà amorcée, longeant le flanc ouest des grands thermes sud et se prolongeant depuis son point de rencontre avec la voie précédente jusqu'à une distance de 160 mètres. Rue partant de l'extrémité sud de la voie du Capitole et allant rejoindre celle ci-dessus mentionnée à 90 mètres de son point de départ.

A l'est, prolongation du Decumanus Maximus, au delà de la porte de Mascula. Cette voie, dallée en grès, dès sa sortie de la cité, incline nettement vers le sud-est et, au bout d'une distance de 129 mètres, passe sur un ponceau qui avait été construit pour faciliter l'écoulement des eaux pluviales recueillies par un ravin coupant la route à angle droit. Ce ponceau se composait de deux petites travées formées par trois murettes en pierre de 8 mètres de longueur, recouvertes par des plates-bandes; la distance ainsi franchie au-dessus du vide était de 4 mètres.

La voie continue ensuite toujours dans la direction sud-est, mais en s'infléchissant en contre-courbe sur une longueur de 80 mètres pour arriver à la porte du faubourg est (6). La longueur totale de ladite voie est exactement de 213 mètres.

(1) Voir page 49 et suivantes.
(2) Voir page 121
(3) *Les Ruines de Timgad,* page 235.
(4) *Les Ruines de Timgad,* page 220. *Les nouvelles Découvertes,* page 72.
(5) Voir page 112.
(6) Voir page 10.

Dans la première partie de son parcours, le dallage s'incline avec un biais assez accentué; à partir du ponceau jusqu'à la fin, cette inclinaison est plus faible, mais partout les dimensions des dalles sont irrégulières. A 58 mètres de la porte de Mascula, le côté nord de la voie a gardé les traces d'un édicule qui faisait saillie de 1 m. 45 sur 8 m. 75 de largeur. Ce sont les substructions soit d'un porche, soit d'une fontaine.

Au nord de la cité, il n'a pas été trouvé de voie nouvelle.

§ II

MAISONS

A la fin de 1902, nous n'avions, dans la cité, déblayé que 12 maisons au nord du Decumanus (1), dont au nord-ouest : 6 en bordure sur cette voie ; trois, sur la voie transversale voisine, dans l'alignement de la bibliothèque, y compris un carré sur le côté ouest du Cardo Maximus nord (2); les deux insulæ contenant l'habitation de Januarius, le baptistère et la basilique chrétienne établie sur la voie; puis, au nord-est, un carré placé sur le côté oriental du Cardo, à égale distance de la bibliothèque et des petits thermes nord (3).

Dans le quartier sud-ouest, tous les immeubles étaient connus, mais, en revanche, nous n'en avions cherché encore aucun dans celui du sud-est.

Actuellement nous comptons 19 maisons nouvelles dans le quartier nord-ouest, ce qui nous donne la totalité des immeubles de cette partie de la ville : 13 au nord-est, et 7 au sud-est.

Quartier nord-ouest

Dans ce quartier, les rangées transversales de maisons sont au nombre de six, et l'on compte cinq files longitudinales (du nord au sud).

(1) Voir *Les nouvelles Découvertes de Timgad,* plan général, page 4.

(2) Il y avait aussi sur le Cardo nord celui qui occupait l'angle du Decumanus et du Cardo Maximus nord.

(3) Voir *Les nouvelles Découvertes de Timgad,* page 35.

Prenons d'abord la première rangée nord et dirigeons-nous de l'ouest à l'est. Nous rappelons que les carrés ont presque toujours 20 mètres de côté.

Le premier est celui qui fait l'angle des boulevards septentrional et occidental de la cité. Il comprenait, au nord et au sud, une rangée de boutiques occupant toute la largeur de la maison; au centre, un mur double sans ouverture divisait la construction en deux parties égales. A l'ouest, les murs intérieurs ont presque entièrement disparu ; deux portes sur la rue sont encore visibles; à l'est on distingue également deux portes, munies de 4 marches, celle la plus éloignée du rempart nord donnant accès à une vaste chambre communiquant avec un couloir adossé au mur séparatif central (1) et ouvert sur l'une des boutiques septentrionales. L'autre porte accède à un petit vestibule (2), puis à un atrium dallé duquel on pouvait aller au magasin de l'angle nord-est et à la chambre précédant le couloir.

Toutes les boutiques sises au nord communiquaient entre elles; celle de l'angle nord-ouest a encore conservé des cuves de foulon au nombre de trois; celle de l'angle nord-est avait quatre portes : une, sur la rue au nord; une, sur la rue à l'est avec quatre marches; une, avec l'atrium; une, enfin, avec sa boutique voisine.

Les magasins établis au sud étaient indépendants les uns des autres sauf les deux de l'ouest qui communiquaient. Tous avaient une entrée sur la rue, à l'exception de celui occupant l'angle sud-est de la maison, lequel n'avait qu'une porte accédant à l'intérieur; il est donc probable que cette pièce n'avait pas la même destination que les autres.

Le second îlot, voisin de la porte secondaire nord comme celui qui va suivre, avait, sur son côté septentrional, quatre salles dont deux avec portes extérieures; sur le flanc ouest, une grande pièce de 7 mètres sur 12 environ, et une petite chambre d'angle, avec porte sur la rue bornant l'immeuble au sud où l'on voit trois autres salles dans les mêmes conditions. Sur le côté est, chambre d'angle avec pièce sur les deux rues, vestibule dallé en pierre avec puits et grande

---

(1) Cette chambre communique aussi avec la boutique formant l'angle sud-est de la maison.

(2) Ce vestibule avait aussi une porte ouverte sur la chambre ci-dessus.

porte au seuil largement ouvert. Au centre, cinq autres chambres de différentes dimensions dont une dallée en briques; on y parvenait, après avoir passé par trois pièces se commandant, la première donnant sur la voie nord.

La troisième insula a été manifestement reconstruite sur l'emplacement d'une autre habitation. C'est d'ailleurs ce qui est arrivé pour un grand nombre de maisons à Timgad et cela n'a rien qui puisse surprendre. N'en est-il pas ainsi pour toutes les villes, dans tous les pays et à toutes les époques? Pour les monuments, c'est différent, et s'il y a des remaniements souvent renouvelés, il est rare qu'il ne reste rien du premier édifice.

Le carré qui nous occupe a donc été reconstruit, mais sans aucun soin ni souci de la bonne construction; de plus, la voie qui le borne à l'est a été entamée sur une largeur de deux mètres et celle qui se trouvait le limiter au sud a été entièrement utilisée pour l'établissement de bâtiments nouveaux. L'habitation était donc divisée en trois et occupée par autant de familles. On constate les restes de trois atriums dallés en grès autour desquels se groupaient le nombre de pièces nécessaires. Des boutiques sont reconnaissables du côté ouest.

La quatrième maison a été presque entièrement démolie, ses matériaux ayant servi à des constructions de basse époque établies sur la rue qui la longe du côté sud. On remarque toutefois qu'elle était composée de deux habitations lesquelles possédaient chacune un atrium et un puits; ces puits sont restés, ainsi que les murs des quatre façades et quelques murailles de refend.

La cinquième construction particulière, large de 20 m. 30 sur 20 m. 60 de profondeur, possède deux parties ne communiquant pas entre elles. L'une se compose de trois pièces donnant sur le boulevard ; d'une grande chambre faisant l'angle à la fois de ce dernier et de la rue parallèle au Cardo; de deux pièces étroites limitées à l'ouest par ladite rue; d'une salle percée d'une large porte (1) pratiquée sur la première voie parallèle au boulevard et qui était certainement un magasin; d'un vestibule exigu divisé en deux portions (2)

---

(1) 2 m. 65.

(2) La partie antérieure du vestibule a conservé un banc de pierre situé près de l'entrée.

et ouvert sur le Cardo; enfin, d'une petite cour dallée, avec vasque, qui donnait le jour par trois entrecolonnements iné- gaux (celui du milieu étant le plus large) au tablinum, lequel communiquait avec l'une des deux chambres étroites pré- citées.

L'autre partie de l'immeuble, située dans l'angle sud-est de l'îlot, comprenait quatre pièces : deux grandes et deux petites. L'une de ces dernières était attenante à la cour sur laquelle elle s'éclairait vraisemblablement.

Nous arrivons à la seconde rangée; nous suivrons la même direction et la même orientation.

Le premier édifice privé est bien conservé. L'entrée est au nord, dans l'axe de l'immeuble. Laissant sur le côté ouest deux petites pièces de même profondeur que le vestibule, on pénètre dans un vaste atrium dallé, bordé de portiques, et garni d'un grand bassin en calcaire carré en bon état, de 2 m. 10 de côté. Au milieu de la paroi septentrionale de ce bassin on aperçoit une sorte de tuyau en pierre, percé à sa mi-hauteur et jadis surmonté d'une manière de chapeau en marbre orné d'une pomme de pin : c'était une vasque avec jet d'eau.

Les portiques entourant l'atrium sont fort inégaux de largeur : celui de l'ouest, se trouvant immédiatement en bor- dure sur le boulevard, est fort étroit; ceux du nord et du sud mesurent 2 mètres, mais celui de l'est est très vaste. Placé en face de l'entrée, il occupe la même largeur qu'une salle dis- posée dans le même axe et s'appuyant sur le mur méridional de la maison. Là on a trouvé une petite vasque demi-circu- laire qui n'était pas en place et provient certainement de l'atrium (elle mesure 1 mètre de largeur sur 0 m. 80 de pro- fondeur).

Immédiatement au sud de l'atrium on distingue le ta- blinum, ouvert par trois entrecolonnements; des traces de mosaïques y ont été relevées.

La partie de l'immeuble, dont nous venons de donner la description sommaire, occupe environ les trois cinquièmes de sa superficie; c'est la fraction occidentale qu'un mur percé de nombreuses ouvertures limite à l'est. De ce côté nous voyons : donnant sur la rue au nord, une pièce dallée en calcaire et une seconde plus grande, renfermant des traces de mosaïques et formant l'angle nord-est de l'insula.

Communication avec l'atrium par un couloir pour ces deux petites salles et, pour la dernière, porte sur la rue à l'est .

Au sud des précédentes, deux autres chambres de même largeur : l'une, ouverte sur l'atrium; l'autre, sur la rue. Encore au sud, deux nouvelles pièces, dans les mêmes conditions. Enfin, à la hauteur du tablinum, et de même profondeur que celui-ci, chambre au sol de béton avec deux portes sur la pièce contiguë au tablinum et sise entre celle qui nous occupe et ledit tablinum; puis deux salles exiguës dont l'une pavée jadis en mosaïque, possédant des ouvertures sur la rue de l'est. Celle de l'angle sud-est communiquait avec la chambre en béton; la profondeur de celle-ci était égale à la somme des deux autres.

La disposition de cet îlot est intéressante. L'atrium, situé en face de l'entrée, communique très facilement avec toutes les divisions de la maison, bien qu'il ne soit pas placé au centre. Il est vrai que son portique oriental, fort large, occupe à peu près cette position, le tablinum et l'impluvium étant reportés du côté ouest.

Les murs qui nous sont restés du *deuxième îlot* ne sont pas excellents; on distingue dans l'immeuble trois divisions dirigées de l'est à l'ouest.

Celle qui est le plus au nord n'a conservé que deux petites salles, dont une encore dallée. La section centrale se divise en quatre chambres; des deux du milieu, celle située à l'est est dallée. C'était l'atrium de la maison. Enfin la portion de l'immeuble disposée dans la partie sud comprend également quatre pièces dont trois sont ouvertes, soit sur la rue au sud soit sur celle de l'est.

La troisième maison n'était séparée que par un mur mitoyen de celle de la première rangée qui la précédait au nord. Ces deux bâtiments faisaient, par conséquent, partie d'un même immeuble puisque l'espace, primitivement consacré à la rue qui les isolait l'un de l'autre, avait été couvert par des constructions.

Cette maison était sectionnée en deux parties par un mur se dirigeant du nord au sud. La fraction occidentale comportait huit pièces, plus un dégagement; quatre de ces pièces ont encore conservé tout ou partie de leur dallage de pierre. Un puits reste toujours visible dans l'une d'elles. La section orientale est presque totalement dépourvue de ses séparations intérieures; on n'y retrouve qu'une petite chambre et quelques traces de colonnes.

Dans une des pièces dallées une inscription en l'honneur de Marc-Aurèle a été exhumée; elle provenait évidemment du Forum et devait être gravée sur le piédestal d'une statue équestre. Dans un des murs faisant face au sud, se trouvait un autre texte relatif au *forum aux vêtements* et dont nous verrons le libellé plus loin. Enfin, un troisième, incomplet, a été mis au jour dans une des petites chambres situées à l'ouest.

Une très grande quantité de briques de carrelage ont été trouvées intactes (quelques-unes cependant noircies par l'incendie); de même des tuiles demi-rondes dites *imbrices* et trois chapiteaux de l'ordre corinthien de bonne facture (hauteur o m. 35, largeur o m. 30). Sans aucun doute, cette maison a été détruite par le feu.

La quatrième insula a gardé ses divisions très visibles; une grande partie des salles ont leur dallage. Au centre, un atrium, avec un portique, sur le côté sud, porté par quatre colonnes; un escalier de quatre marches y conduisait. Au nord de l'atrium, il y avait un couloir et quatre chambres placées elles-mêmes au sud de trois pièces éclairées sur la rue; à l'est, le vestibule d'entrée muni de quatre marches; à l'ouest, deux pièces dallées; au midi, enfin, deux épaisseurs de salles, comme au nord, et au nombre de dix avec cinq sur chaque rangée (1). Dans l'angle sud-est, vestiges d'une cage d'escalier.

On a trouvé dans cette fouille de très beaux chapiteaux : deux, d'ordre ironique, tout ornés de feuillages touffus et de rosaces sculptées (2), et un, d'ordre corinthien, paraissant provenir du Forum.

La cinquième (20 m. 50 sur 20 m. 80) semble avoir été divisée en deux parties séparées par un mur mitoyen lequel était cependant percé d'une porte de communication et s'étendait de l'est à l'ouest.

La portion nord contenait quatre divisions donnant sur la voie parallèle du boulevard; trois autres chambres au sud

---

(1) L'une des salles donnant sur le côté sud de l'atrium central est entièrement dallée et paraît avoir été le prolongement de cet atrium; trois entrecolonnements la séparaient du tablinum disposé sur son flanc méridional.

(2) Le carré de l'abaque mesure o m. 60 de côté.

des quatre premières, et un vestibule dallé avec réduit ouvert sur le Cardo.

La partie sud de la maison comprenait une salle au milieu de laquelle il y avait un puits. Cette salle, qui communiquait avec les pièces' de l'habitation ci-dessus énumérées, occupait l'angle sud-ouest de l'îlot. A son côté est étaient disposées une boutique largement ouverte sur la deuxième rue parallèle au boulevard nord et une salle, de même largeur, sans éclairage vertical; deux petites pièces dans les mêmes conditions que les précédentes, et une grande, placée à l'angle sud-est du carré, complétaient l'immeuble. Dans cette salle on voit encore un pilier surmonté d'un corbeau de pierre qui portait une plate-bande divisant la pièce en deux parties d'inégales dimensions. Chacune d'elles avait sa porte sur le Cardo.

Dans la troisième rangée, *la première insula* avait une pièce centrale, de forme carrée, paraissant avoir servi d'atrium, mais on n'y retrouve pas le dallage qui a dû être enlevé, ainsi que le bassin transporté dans une autre salle au nord de la chambre du milieu; cette salle, oblongue, n'a pas conservé de divisions entre la rue sise à l'est où une porte était ouverte et une pièce formant l'angle nord-ouest de la maison.

Le reste du côté occidental de l'immeuble est occupé par trois salles; l'une est dallée en pierre et disposée à l'ouest de l'atrium, puis viennent deux autres dont la dernière, dans l'angle sud-ouest; au sud, longue pièce mitoyenne avec l'atrium et ouverte sur la rue. Dans l'angle sud-est, chambre également ouverte sur la rue méridionale. Reste le côté est où l'on distingue d'abord une assez vaste salle, en partie encore dallée, voisine à la fois de l'atrium et de la salle de l'angle nord-est; des portes communiquent avec elles, avec la rue, et avec une chambre située immédiatement au sud et aussi sur la rue. Une dernière pièce relie ladite chambre à la salle disposée au sud de l'atrium.

Seconde insula. Rarement nous avons déblayé à Timgad une maison aussi ruinée et conservant aussi peu de murailles; c'est tout au plus si, à l'angle sud-est, on aperçoit les vestiges de deux chambres communiquant entre elles. Mais, au milieu de cette ruine misérable, qu'une prudence exagérée aurait pu nous déconseiller de dégager, nous avons découvert une jolie mosaïque de dallage, avec sujets, dans une salle située au nord des deux petites chambres dont nous venons de parler.

Elle représente une déesse marine soutenant ses cheveux de chaque main et en exprimant l'eau dont ils sont remplis. Elle est portée sur une conque par deux génies ailés entièrement nus, comme elle-même. Au dehors de la conque sont figurés deux dauphins et les vagues de la mer; derrière la déesse, s'étend une draperie rouge.

Les deux dimensions de ce tableau : 1 m. 82 de large et 1 mètre de hauteur. Le sujet est disposé au milieu d'une mosaïque ornementale aux vives couleurs. La conque est bleue avec arêtes noires; sa bordure supérieure est jaune avec liséré gris; les figures se détachent sur un fond blanc.

Le fait de cette découverte, dans un coin de ruines aussi peu rempli de promesses, prouve qu'à Timgad il ne faut négliger aucun endroit, même de piètre apparence. Il démontre également une fois de plus, car ce fait est loin d'être isolé, que nous avons le devoir de déblayer consciencieusement les restes des maisons tout aussi bien que ceux des monuments de l'antique cité.

Le troisième carré comprend un vestibule dallé s'ouvrant sur la rue à l'est et conduisant par trois entrecolonnements à la galerie d'un magnifique atrium dont le sol est également formé de dalles de pierre. Le dit atrium, dont le portique est pavé de briques en chevrons et soutenu par six colonnes, offre cette particularité qu'il se prolonge jusqu'au mur nord de la maison.

Sur le milieu du côté sud de l'atrium, se trouve une belle vasque demi-circulaire en grès avec ouverture et décharge en cascades du côté du portique. Au centre du dallage, un puits rond à l'intérieur et carré à l'extérieur était surmonté de colonnes supportant un très curieux chapeau de pierre que nous avons recueilli dans nos fouilles.

Cette pierre de forme tout à fait byzantine avec quatre faces en arcades surmontées d'un ressaut rectangulaire qui rompt la courbe de l'arcade, offre la forme de deux demi-cylindres se pénétrant en arc de cloître, avec arêtes saillantes à l'extérieur (sur le dessus) et arêtes rentrantes en dessous.

Les ressauts rectangulaires se rejoignent deux par deux, au moyen d'une sorte de large filet en pierre, de manière à composer une croix émergeant en plan dans les milieux de chacun des petits demi-cylindres. C'est un motif tout à fait intéressant et dont nous ne connaissons pas d'autre exemple.

Dans le tympan des ressauts, on lit :

FORTVNAE   V   N

Sur la face de l'archivolte, une inscription effacée commençant par :

LIVS

La partie sud des portiques de l'atrium s'ouvre, par trois entrecolonnements, sur le tablinum (1) dont le sol est recouvert de béton. Huit autres pièces complètent la maison.

Le quatrième îlot nous a donné le nom de son propriétaire. Il avait son entrée au sud; une porte, large de deux mètres, accédait au vestibule dallé en grès et situé dans l'angle sud-est de l'immeuble. A droite en entrant se trouvaient des latrines dont nous reparlerons plus loin; à gauche, un escalier, dont sept marches subsistent, conduisait à l'étage supérieur. En face un couloir intérieur (largeur 3 m. 55 sur 9 m. 75 de long), dallé en pierre calcaire, permettait de se rendre dans toutes les pièces de l'habitation.

A droite, côté est, chambre dallée en grès communiquant, sur son flanc septentrional, avec une autre de même dallage dans laquelle se trouvaient quatre auges de pierre recouvertes de fragments d'enduits, de béton et de terre, mais renfermant de grandes quantités de blé noirci par le feu et cependant ayant conservé la forme intacte de ses grains.

Au nord-est de la galerie centrale, et à l'ouest de la précédente chambre, une autre pièce de dimensions semblables renfermait de l'orge dans les mêmes conditions de conservation.

Toujours sur le côté nord de la galerie, trois entrecolonnements s'ouvraient sur un atrium dallé en calcaire (2) et accoté à l'est d'un portique soutenu par deux colonnes ornées de très beaux chapiteaux corinthiens.

Ce portique, qui communiquait avec le vestibule central, avait son mur septentrional percé d'une porte par laquelle on accédait à deux chambres se commandant et constituant

(1) 7 m. 3o de long sur 4 m. 7o de large.
(2) 9 m. 55 de long sur 4 m. 5o de large.

l'angle nord-est de l'immeuble ; pas de dallage dans ces chambres.

Dans la partie antérieure de l'atrium, puits carré; décharge à l'extrémité nord du dallage, auquel pas une pierre ne manque. Sur le côté ouest :

1° Tablinum dallé en calcaire, séparé de l'atrium par deux colonnes avec autant de demi-colonnes, et occupant l'angle nord-ouest du carré (1).

2° Salle recouverte d'un dallage semblable et sans communication avec le tablinum.

Au bout de la galerie intérieure, à l'ouest, chambre au sol recouvert de béton et ouverte par deux entrecolonnements sur une grande pièce (2) occupant l'angle sud-ouest de la maison. A l'est de cette dernière, couloir (3) ajouré de son côté par une colonnade à trois travées et ayant une sortie sur l'extrémité occidentale de la galerie ; enfin une dernière chambre dallée en grès et placée entre le couloir et l'escalier, avec porte sur la galerie.

Une inscription fort intéressante a été trouvée dans l'atrium; nous en donnons ci-après le texte avec traduction de M. Cagnat :

CORFIDIVS CREMENTIVS FL. P. P.
AVORVM ATAVORVMQ. MORVM PROBITA
TE AVCTIS INSIGNIBVS ERGA PVBLI (ca) PRIVATAQ.
PREPOLLENS DOMVM COMPARA (vit in) VM BILI
CO SITAM PATRIAE RVINIS IAM DIV. INFORMIB. TRIS
TEM FELICIVS QVAM CONDITA EST RESTITVIT ET AD
IECTO DECORI IN AETERNVM ROBORE. SIBI POS
TERISQ. LACTIORIBVS D. D. CORFIDIORVM.

Ce qui veut dire :

« Corfidius Crementius, flamine perpétuel, les insignes de ses ancêtres et de ses bisancêtres ayant été augmentés par la probité de ses mœurs, puissant dans les choses publiques et privées, acheta cette maison située au cèntre (nombril) de sa patrie, triste de ruines depuis longtemps informes, la rebâtit plus heureusement qu'elle n'avait été fondée et, ayant

-----

(1) Le mur ouest de ce tablinum a conservé des traces de peintures sur enduit imitant des marbres de couleurs diverses. Pareille décoration existe sur le mur d'une des piscines froides des grands thermes sud.

(2) Au sol également en béton; on y a trouvé de nouvelles réserves de blé.

(3) Au sol de béton.

ajouté une force éternelle à sa beauté, l'a dédiée pour lui et
pour ses descendants plus joyeux : maison des Corfidii. »

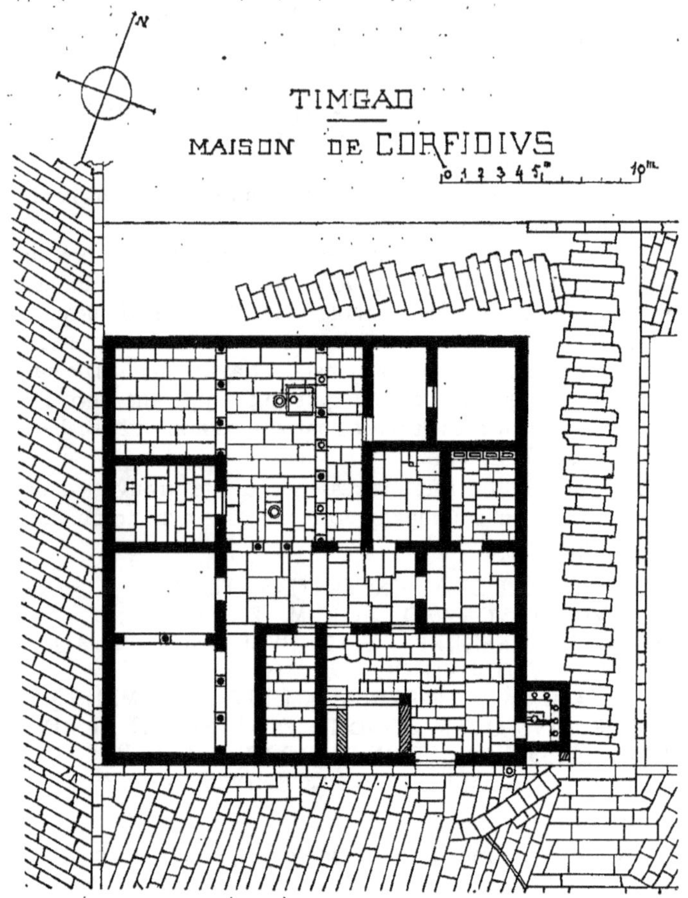

Ainsi donc c'est la maison du flamine perpétuel Corfidius Crementius ou plutôt, comme il l'a désignée lui-même,
la maison des Corfidii. C'est le troisième immeuble de Timgad dont nous ayons retrouvé le possesseur, avec ceux de
Sertius (1) et de Januarius (2).

(1) *Les nouvelles Découvertes*, page 81.
(2) *Les nouvelles Découvertes*, page 26.

VUE PERSPECTIVE INTÉRIEURE DE LA MAISON DE CORFIDIUS

TIMGAD

LATRINES DE LA MAISON DE CORFIDIUS

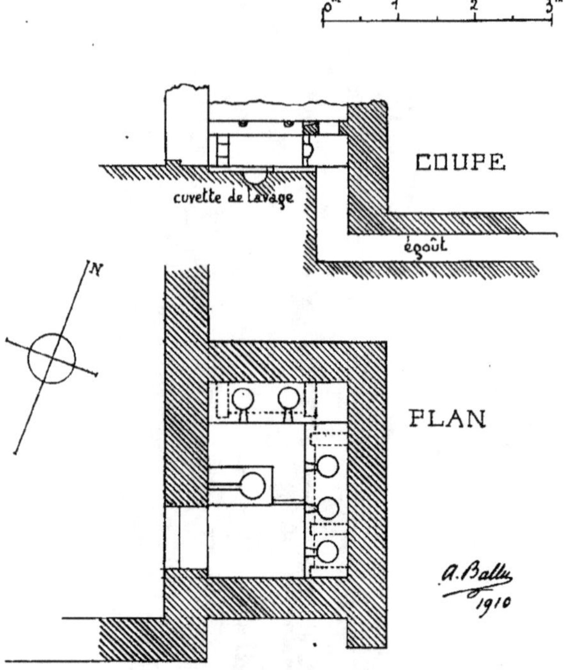

Cette maison est une des plus curieuses de Thamugadi; la présence de cet amoncellement de blé et d'orge bien conservés, mais noircis par le feu, ainsi que celle de toutes les colonnes renversées près de leurs bases, nous apprend que la destruction de cet îlot a été rapide, à l'encontre de ce qui s'est passé pour la plus grande partie des constructions particulières ou publiques de la ville.

La cinquième insula possède, dans sa partie septentrionale : une grande salle à l'angle nord-est; quatre autres petites, et des latrines, saillantes de 2 m. 50 sur la rue. Au centre un atrium (8 m. 90 sur 9 m. 40) ayant encore les quatre colonnes d'angle de ses portiques dont le dallage existe en partie.

LATRINES DE LA MAISON DE CORFIDIUS

Les latrines étaient reliées à l'atrium par un caniveau ou plutôt par une conduite d'eau. C'était la pluie recueillie dans l'impluvium qui passait dans les cabinets, puis allait rejoindre les égouts de la rue.

A l'ouest de la cour, on voit le tablinum, placé dans l'axe de celle-ci, avec une pièce étroite sur son flanc nord; une autre, presque carrée, sur son côté sud, et une salle (3 m. 10 sur 3 m. 18), à l'angle sud-ouest de la maison.

Nous comptons en plus, orientées au midi : une chambre exiguë précédée d'une antichambre ouverte sur l'atrium et trois salles dont l'une à l'angle sud-est des bâtiments, la seconde, voisine de cette dernière, pavée en mosaïques géométriques à six couleurs (les verts en émail), et la troisième communiquant comme la précédente avec l'atrium, mais par une simple porte tandis que la pièce à la mosaïque possédait trois entrecolonnements sur la cour et servait peut-être de salle de fêtes (oecus) au propriétaire de l'immeuble.

Enfin, à l'est de la cour, on voit, donnant sur le Cardo, deux pièces reliées entre elles par une porte ayant conservé ses montants ainsi que son linteau de pierre, l'une de ces deux salles servant de vestibule d'entrée et faisant communiquer l'atrium avec le dehors.

La quatrième rangée d'insulæ ne nous donnera que trois carrés nouveaux, deux étant connus : ce sont ceux contenant la basilique chrétienne, la maison de Januarius et le baptistère déjà décrits (1).

Le premier, qui longe le boulevard de l'ouest, n'a conservé, dans sa partie nord, que des traces de dallage soit en béton, soit en mosaïque; quelques vestiges de murs apparaissent seulement.

La partie méridionale a été plus respectée par le temps. L'entrée est au sud, dans l'axe de l'immeuble. Un vestibule flanqué de deux pièces assez grandes, chacune occupant les angles sud-est et sud-ouest, conduit à une chambre centrale (2) sur le côté occidental de laquelle était l'atrium dallé en pierre avec bassin; sur le côté oriental, grande salle donnant sur la rue à l'est. Rien de bien spécial dans cette fouille; tombes en briques de l'époque chrétienne, sans aucun mobilier funéraire.

(1) *Les nouvelles Découvertes de Timgad,* page 26.
(1) Dallée en béton.

Le second carré possède des divisions assez nombreuses; on compte : Quatre chambres au nord, dont une au sol de béton;

Cinq au sud de cette première série, avec les deux extrêmes donnant sur les rues est et ouest;

Quatre au-dessus de la série précédente, dont une, sur la rue occidentale, pavée en mosaïque; une, au centre, en béton; celle sur la rue à l'est, en pierre avec bassin.

La dernière série comprend, sauf dans l'angle sud-est où se trouve une pièce pavée avec piscine, des salles doubles en profondeur, c'est-à-dire que trois petites chambres, disposées sur la rue au sud, sont accompagnées par autant de pièces situées en arrière et commandées par elles. On remarquera cette particularité des deux cours dallées, avec leurs bassins, placées sur la rue orientale.

Viennent ensuite, en suivant la direction adoptée de l'ouest à l'est, les deux insulæ connues; puis la *dernière maison* en bordure sur le Cardo.

On y aperçoit une cour intérieure centrale, de 7 m. 90 sur 9 m. 08, dallée en pierre, ayant conservé les quatre colonnes des angles de ses portiques; un bassin carré avec puits se voit au milieu de l'atrium.

Un vestibule dallé en calcaire (1) reliait du côté de l'est la cour avec le Cardo. Au sud de cette antichambre, deux salles : l'une, éclairée sur ledit Cardo, l'autre sur la cour. Au nord de l'habitation, une salle d'angle au nord-est, dallée en grès; puis deux autres dont une donnant sur l'atrium. A l'angle nord-ouest des bains particuliers où l'on distingue trois hypocaustes (une pièce tiède, une chaude et une étuve); une salle large, avec entrée sur la rue au nord, contenant un fourneau pour le service des chaufferies; une salle froide ayant une petite piscine demi-circulaire profonde de 1 m. 20 (avec deux degrés pour y descendre).

A l'ouest, on compte trois autres chambres, dont deux donnant sur l'atrium et la troisième à l'angle sud-ouest. Enfin, quatre pièces au sud : l'une servait de tablinum ou d'oecus et communiquait avec les portiques de la cour par trois entrecolonnements. La salle formant l'angle sud-est de la maison avait une large porte pratiquée sur le Cardo.

____

(1) 6 m. 38 de long sur 3 m. 20 de large.

Sur la cinquième rangée, il n'y a qu'*une seule maison* nouvelle à mentionner. Un mur mitoyen la traversait en deux parties égales, l'une du côté est, l'autre du côté ouest. La première fraction comprend elle-même deux divisions : celle du nord contient sept salles dans lesquelles ont été trouvées de belles amphores de terre-cuite transportées au musée et des auges de pierre; celle du sud ne possède que quatre salles et, dans l'une d'elles, un bassin.

La seconde fraction occidentale se partage en douze chambres de dimensions très variables. On y remarque une cave assez belle, un bassin, des boutiques. Les seuils de plusieurs portes sont bien conservés. Dans cet îlot vivaient donc trois familles.

QUARTIER NORD-EST

Ce quartier avait six files de maisons, soit une de plus que celui du nord-ouest.

Dans la première rangée de ce quartier nous n'avons qu'*une insula* à signaler : c'est celle qui se trouve à l'est et à côté des petits thermes nord (1). La distribution de son plan n'offre pas grand intérêt. On y distingue trois boutiques ouvertes sur le boulevard, dont une arrière-boutique; un vestibule; un vaste espace au centre où se trouvait l'atrium aujourd'hui disparu. Du côté est, sans communication avec l'autre partie de l'immeuble, un tiers environ de l'îlot se composant de cinq salles de dimensions variables et, en plus, d'un grand vestibule empiétant de toute sa surface sur la rue.

La seconde rangée nous donne deux carrés :

Le premier, disposé sur le flanc oriental du Cardo nord, se trouve au sud des petits thermes précités. Une porte, garnie de trois marches, donnait sur le Cardo et permettait de pénétrer dans un vestibule (2) contenant de jolies mosaïques de dallage géométrique. A l'est et en face de l'entrée, un atrium a conservé ses bases de colonnes en place; un puits occupe son milieu. A gauche de l'atrium, au nord-est de la maison, on découvre des bains privés dans lesquels on reconnaît l'étuve (laconicum) avec partie demi-circulaire sur son côté ouest, et un fourneau.

---

(1) *Les nouvelles Découvertes de Timgad,* page 35.
(2) Dans l'angle sud-ouest de la maison.

En bordure, sur la voie séparant les petits thermes nord de l'habitation, se voit une salle hypocauste intacte (1); à l'est de ces deux chambres chaudes, un second caldarium faisait emprise sur la rue comme le précédent. Enfin, au sud de ce second hypocauste, et à l'est de l'atrium, il reste une petite piscine d'eau froide qui fut plus tard convertie en baptistère, à l'usage d'une basilique chrétienne (2) installée par les Byzantins sur les ruines de la partie est de la maison. Nous y avons découvert une jolie fenêtre en pierre de grès, ajourée de deux petites arcades, et, à quelque distance, le texte suivant :

DEO   MAGNO   Æ

TERNO

FL.   DONATVS   ET

TERTVLLA   V(xor)

VOT

« Au Dieu grand éternel, Flavius Donatus et sa femme Tertulla ont fait cet ex-voto. »

En dehors des salles ci-dessus mentionnées, on compte sept pièces appartenant à l'immeuble, plus un vestibule avec porte d'entrée du côté oriental. A l'angle, on remarque une pierre percée en biais pour attacher les chevaux. La petite basilique possède une porte ouverte sur la rue bordant le carré au nord; dans la direction opposée, était placée l'abside que décoraient deux colonnes enlevées à une ruine voisine.

Le second carré, à l'est du précédent, ne provoque aucune remarque spéciale; on y aperçoit quatre boutiques de petites dimensions sur la rue au nord; des restes d'amphores, assez visibles, qui servaient peut-être à la conservation de l'huile. Dans l'angle sud-ouest de la maison, un bassin bétonné, quelques traces de murs intérieurs assez mal définies.

Dans la troisième rangée, on ne compte qu'*une ruine* d'immeuble sise juste au sud de la maison dont nous venons de parler.

Les murs ici ont encore en place leurs pierres de chaîne, bien qu'ils soient en assez mauvais état. L'atrium était au centre; on y parvenait par un large vestibule dallé en pierre,

(1) Caldarium.

(2) Sa nef a 8 m. 02 de long; son chœur, demi-circulaire, a 3 m. 5o de profondeur; la largeur est de 4 m. 3o.

ayant deux portes sur la rue de l'est. Du vestibule on accédait aussi au tablinum dont la largeur ajoutée à celle de l'atrium égalait la largeur du vestibule. Dans ce dernier on a trouvé en place une table de pierre; dans l'atrium, neuf mangeoires pour les chevaux byzantins.

Sur le côté sud de l'îlot, cinq petites pièces s'alignaient; elles communiquaient toutes entre elles, sauf celle de l'angle sud-ouest, ouverte sur la rue occidentale.

Le côté ouest comprend : une longue salle s'étalant dans le sens de la rue et donnant accès à deux chambres disposées derrière elle et adossées à l'atrium ainsi qu'au tablinum; et une pièce profonde dont l'extrémité est s'appuie sur le côté nord de l'atrium.

Au côté nord on voit quatre chambres : celle de l'angle ouest est dallée en pierre et possédait trois portes dont une sur la rue septentrionale; celle de l'angle est est assez grande et était divisée en deux parties avec mur de refend de l'est à l'ouest.

De la quatrième rangée, nous avons trois îlots.

Le premier, sur le côté est du Cardo, présente son entrée sur la troisième voie parallèle au Decumanus Maximus en descendant dans la direction du sud au nord (1).

De cette entrée on accédait à un atrium dallé possédant une fontaine sur son côté est. A l'angle sud-ouest de l'atrium se trouve une porte avec une marche.

Dans la partie méridionale de la maison, on compte six pièces différentes; la partie nord, moins élevée, en renferme dix; dans l'atrium, on distingue une pierre de décharge des eaux pluviales d'une jolie facture.

Le second, sur la deuxième file du nord au sud, présente tout d'abord deux divisions formées par un mur parallèle au Cardo. Dans la section ouest on voit, au nord, une conduite d'eau en briques bien conservée de 0 m. 70 de profondeur et de 0 m. 35 de large coupant en deux parties une grande salle de 10 mètres sur 8; puis, le long du mur séparatif de l'immeuble, un atrium dallé en grès, ouvert dans toutes les directions; sur son flanc ouest, salle au sol de mosaïque, comme, du reste, la salle précitée, avec des cubes assez fins en trois couleurs blanches, rouges, noires, représentant des carrés

(1) Cette voie est en même temps la quatrième en allant du nord au sud.

s'enchevêtrant dans des losanges. Au sud de l'atrium et de la chambre précédente, longue pièce formant l'angle sud-ouest du carré et s'étalant le long de la rue méridionale.

Dans la section est de la maison, grande pièce au nord n'ayant pas conservé ses murs intérieurs; au sud : vestibule allant à l'atrium par trois entrecolonnements et donnant accès à un bassin ainsi qu'à deux chambres. Dans l'angle sud-est, deux pièces dallées en pierre se communiquant, l'une d'elles étant ouverte sur la rue orientale.

Cette maison était certainement luxueuse à la belle époque de Rome; plus tard, au temps de la décadence, elle fut démolie comme tant d'autres et longuement occupée aux temps barbares.

Sur une dalle en calcaire de la grande salle du nord-ouest, on voit un dessin gravé à la pointe et représentant un danseur jouant d'un instrument de musique assez semblable à un triangle (hauteur, o m. 18; largeur, o m. 10).

A l'est du précédent, le *troisième carré* avait, sur sa face nord, un atrium dallé avec bassin; à l'est de cet atrium, deux salles se communiquant; à l'ouest, une salle formant l'angle nord-ouest de la maison. Puis deux chambres sur le côté occidental et une grande avec bassin à l'angle sud-ouest; deux autres au sud, dont une à l'angle sud-est; enfin trois pièces côté orient sans compter celles d'angles nord et sud. Au centre, devant l'atrium (et au sud de celui-ci), salle assez mal délimitée. Cet immeuble n'offre pas grand intérêt.

Dans la cinquième rangée, nous avons deux maisons à décrire :

La première, faisant partie de la deuxième file est à l'est de la bibliothèque et sur la même ligne. Elle possède une entrée sur la première voie parallèle au Decumanus, en partant de cette voie (1). Un vestibule (2) en forme de couloir d'abord, puis se coudant vers la gauche, conduisait par quatre marches à un atrium dallé sur le flanc occidental duquel on voit encore un bassin avec sa conduite d'eau; à droite de l'atrium, large dégagement où nous avons trouvé des restes de mosaïques. En face, portique également recouvert de mosaïques et accédant au tablinum, dont l'extrémité était

---

(1) C'est-à-dire la sixième en partant du nord au sud.
(2) Dallé en grès.

éclairée sur la rue parallèle à celle de l'entrée. A l'ouest du tablinum, salle dans laquelle nous avons exhumé un siège de latrines en pierre de grès à trois trous.

Le vestibule, sur la droite duquel était disposée une vaste chambre (1) faisant l'angle sud-est de l'immeuble, conduisait aussi, sur son flanc oriental, par un étroit couloir à un second atrium dallé en pierre au milieu duquel est resté un puits de forme octogonale. Cet atrium avait son entrée du côté de la rue bordant la maison à l'est. Sur le mur séparant l'atrium de la chambre d'angle, nous avons trouvé des auges de pierre utilisées pour la cavalerie byzantine.

L'habitation contenait en totalité : douze pièces, deux atriums et un vestibule.

La deuxième maison (2) est située à l'est de la voie dite de la maison aux jardinières, seule voie dallée des quatre qui l'entouraient.

On y a trouvé fort peu de restes de murs; on distingue seulement des traces de seuils sur les côtés est et nord; les vestiges d'une salle importante dans la partie orientale de la maison et d'un atrium, au centre.

Sur la sixième et dernière rangée, nous avons mis au jour quatre immeubles, donnant tous sur la voie triomphale.

Le premier, ayant sa face occidentale sur le Cardo, est au sud de la bibliothèque. Il possédait un portique le long des deux grandes voies; ses deux dimensions en dehors dudit portique étaient de 20 m. 30 (côté Decumanus) sur 26 m. 10 (côté Cardo). Quatre boutiques s'ouvraient sous le portique de la voie triomphale; un mur de refend parallèle à celle-ci séparait de l'immeuble les magasins (3) dont la profondeur était de 8 m. 40.

Il y avait quatre entrées : deux, sur le Cardo; une, sur la voie bornant la construction au nord; une enfin, sur la rue située à l'est. Les deux portes ouvertes sur le Cardo paraissent avoir donné accès à autant de boutiques, ayant reçu plus tard des divisions intérieures. L'angle nord-ouest de la maison est occupé par des bains se composant d'un couloir de chaufferie, de deux fourneaux, d'un caldarium et d'un bassin

---

(1) Dallée en béton.

(2) En allant toujours de l'ouest à l'est. Cette maison était sur la troisième file du quartier nord-est.

(3) La boutique d'angle avait une porte ouverte sur le Cardo.

chauffé (alveus). Ces bains n'avaient pas de communication avec le dehors.

L'entrée du nord (large de 1 m. 70) donnait sur la plus vaste salle de l'édifice (8 mètres sur 10 m. 10); le sol de celle-ci était recouvert de deux mosaïques d'ornement très belles. L'une a été transportée au musée : elle comprend six demi-cercles bistre croisés, décorés de lauriers alternativement noirs, rouges et bleus. Les demi-cercles sont reliés deux à deux par des contre-courbes rentrantes; les triangles obtenus par le croisement des courbes sont garnis soit par des poissons, soit par des masques tragiques. Le tout est entouré par un cercle qui encadre un carré dans les angles duquel sont dessinés de jolis feuillages d'où s'échappent des rinceaux. Le carré a 3 m. 20 de côté. L'autre mosaïque (5 m. 50 sur 7 mètres) se compose de bandes de lauriers rouges et noirs entremêlés, avec rosaces ornées, dans le milieu, d'élégants feuillages et, sur leurs contours, d'une série de courbes rentrantes d'un fort bel effet.

Sur le côté oriental de la salle était disposée une fontaine faisant saillie dans la rue.

La quatrième entrée, protégée par un porche également pris aux dépens de la voie et porté par deux colonnes, accédait à un vestibule encore dallé par lequel on parvenait à un atrium (1) parfaitement conservé; au milieu de cette cour intérieure un grand bassin carré avait ses quatre angles flanqués de colonnes. L'impluvium a conservé une belle clôture formée de dalles verticales en pierre épaisses de 0 m. 22 et hautes de 0 m. 80. Enfin une dernière pièce, le tablinum (2) contigu au vestibule, était adjacent au côté est de l'atrium.

Sur le dallage on voyait une magnifique représentation d'un tableau (3) que nous avons enlevé et posé sur les murailles du musée. Une néréide y figure appuyée sur la croupe d'un centaure marin. Elle tient de la main gauche un voile flottant au-dessus d'elle comme un dais et, de la droite, une couronne de feuillages. Le centaure, de son bras droit, porte l'autre extrémité de la draperie. A part la jambe gauche (de la néréide) qui est enveloppée d'une étoffe, la nudité est complète; la tête, entourée d'un nimbe, a été refaite à une certaine

(1) Dimensions de l'atrium : 7 m. 40 sur 7 m. 40.
(2) Dimensions : 5 m. 50 sur 3 mètres.
(3) Dimensions : 2 m. sur 2 mètres.

MOSAÏQUE

DU TABLINUM D'UNE MAISON DE LA GRANDE VOIE

(Triomphe d'une Néréide)

époque, dans l'antiquité. Un autre centaure, dont le torse émerge à droite, derrière la déesse, se termine comme le premier, en queue de poisson. Sa tête est ornée de pinces d'un crustacé; un dauphin et un serpent de mer, sorte de lamproie, accompagnent le cortège.

La mosaïque est d'une très grande finesse; elle est la mieux conservée et la plus soignée de toutes celles qui ont été découvertes auparavant (1). Une frise décorée de rameaux enfeuillagés sur fond noir encadrait le tableau; seule la partie inférieure de la bordure est restée intacte.

Cette belle maison nous a donc donné trois remarquables mosaïques. Sa situation à l'angle des deux plus belles voies de Thamugadi explique la richesse avec laquelle elle a été construite.

Le second carré était installé en face de la maison aux jardinières (2), au sud-est de la bibliothèque : la voie qui la longeait à l'est a perdu son dallage.

Sous le portique à huit travées qui s'élevait sur le Decumanus Maximus, quatre baies donnaient chacune accès à une grande boutique, dont l'ensemble était isolé de la maison par un mur d'un seul tenant. Les deux magasins établis à l'est étaient construits au-dessus de caves bien conservées; celle de l'angle sud-est, divisée en deux parties, était éclairée par cinq soupiraux. Une cage d'escalier avec quelques marches est encore en place; elle fait saillie sur la rue limitant à l'est la maison.

Celle-ci contenait encore dix autres divisions, parmi lesquelles l'atrium et le vestibule (3) dallés en calcaire; trois avaient leur sortie sur la rue et deux étaient pavées en mosaïque. L'une de ces dernières (6 m. 70 sur 5 mètres), le tablinum (4), disposée à l'est de l'atrium a conservé une délicieuse mosaïque, aujourd'hui garnissant les murs de notre musée et représentant seize compartiments triangulaires ornés de feuillages aux couleurs variées et dont chaque angle aboutit à des rosaces à huit pans curvilignes rentrants. Ces rosaces sont au nombre de cinq complètes; quatre demi-rosaces et quatre quarts de rosaces simplement décorées de dessins

(1) Sa découverte date de 1903.
(2) *Les Ruines de Timgad*, page 224. *Les nouvelles Découvertes*, page 110.
(3) Disposé sur le côté occidental de la maison.
(4) Dimensions : 3 m. 40 sur 3 m. 40.

géométriques (1). Des cinq occupant l'intérieur de la mosaïque, celle du centre figure un oiseau tenant dans son bec un
serpent; celle située au sud-est, un coq au milieu de hauts
herbages; celle du sud-ouest, un martin-pêcheur volant au-
dessus des eaux; au nord-ouest, enfin, une cigogne mangeant
une sauterelle.

Le dessin de cette mosaïque est très fin et parfaitement
exécuté. Une riche bordure entourait le tout.

La troisième maison qui fait suite en allant vers l'est, offre
moins d'intérêt que les deux autres et n'a gardé que la moitié
des colonnes de son portique sur la grande voie; elle a été
très endommagée. Elle avait aussi quatre magasins au sud;
son atrium, dallé en calcaire, était entouré de dix salles de
diverses dimensions. Trois ont encore leur sol bétonné.

La quatrième insula (2) possédait cinq boutiques sur le Decumanus; un escalier (3) faisant emprise sur la voie qui cô-
toyait le mur occidental des grands thermes est; une cour
centrale ou atrium (4) autour duquel on compte : une galerie
limitée par des dalles verticales s'encastrant dans des dés en
pierre, quatre pièces éclairées sur la voie ci-dessus, quatre
autres réservées à des bains privées (5), quatre chambres de
peu de surface occupant l'angle nord-est du bâtiment, enfin
deux grandes salles dont la plus vaste fut, à l'époque byzantine, divisée par l'installation d'une écurie. Neuf auges de
pierre ont été trouvées en place ainsi que quatre semblables
dans l'une des pièces bordées par la voie séparant la maison
des grands thermes de l'est. Cette pièce était fermée du côté
du Decumanus par une porte certainement rapportée à l'époque byzantine, au moment de l'aménagement des écuries (6).

On a voulu voir les ruines d'une hôtellerie dans les restes
de cette maison particulière; nous ne le pensons pas. Cet édifice a tout simplement été bouleversé, remanié, comme tant
d'autres, et, de même que dans plusieurs carrés de maisons
dont nous avons déjà fait mention, on y a installé des mangeoires destinées aux montures des cavaliers de Solomon(7).

(1) Ces fractions de rosaces sont disposées sur les bords de la mosaïque.
(2) 22 m. 70 sur 26 mètres.
(3) La cage de cet escalier a 1 m. 55 de largeur sur une longueur de 11
mètres; il reste encore quatre marches.
(4) 8 mètres sur 8 m. 40.
(5) Voir *Les nouvelles Découvertes de Timgad*, page 54.
(6) Des piliers d'hypocaustes subsistent encore.
(7) L'armée byzantine se composait en grande partie de cavalerie.

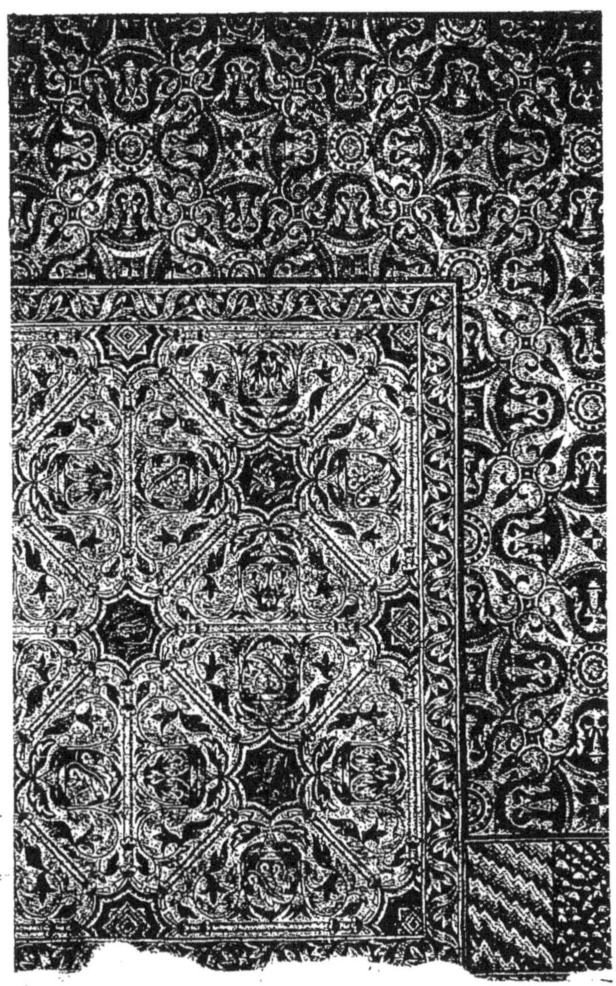

MOSAÏQUE

DU TABLINUM D'UNE MAISON DE LA GRANDE VOIE

QUARTIER SUD-EST

Dans ce quartier nous n'avons trouvé de carrés que dans les trois premières rangées nord et reconnu que les quatre files longitudinales (du nord au sud) situées à l'est, sans compter celle qui a pour point de départ la maison aux jardinières et comprend le temple situé derrière le théâtre (1).

La première rangée compte trois immeubles disposés au sud de la grande voie:

Le premier est adossé au côté oriental du marché de l'est (2); un portique soutenu par quatre colonnes et deux piliers carrés l'isolait du Decumanus Maximus. Un vestibule dallé conduisait au cœur de la construction composée de :

Un vaste atrium pavé en calcaire avec galerie sur les côtés sud et est;

Un tablinum, à l'angle sud-est, dont le sol était recouvert de mosaïques aujourd'hui à peu près complètement détruites;

Une grande salle (3) à l'angle nord-est, dans les mêmes conditions;

Une autre pièce plus grande encore, à l'angle nord-ouest;

Enfin neuf autres chambres ou corridors divers avec escalier au bout du vestibule.

Trois auges de pierre ont été utilisées dans la construction de l'un des murs, ce qui prouve combien cette maison a été endommagée et reconstruite sans soin.

Le second îlot présentait, sur la grande voie, un portique élevé de plusieurs marches au nombre variant suivant la pente très prononcée de la voie à cet endroit (le portique avait sept travées et par conséquent huit piliers); à l'est, un mur plein sans ouvertures au niveau de la rue qui était la première dans la direction de l'ouest après le boulevard oriental de la ville; à l'ouest, il était limité par la voie desservant à la fois les grands et les petits thermes est.

L'habitation n'a rien de bien spécial comme distribution, mais ce qu'elle a de remarquable, en dehors de ses bons murs de 2 à 3 mètres de haut, c'est, dans un atrium,

(1) *Les nouvelles Découvertes de Timgad*, page 33.
(2) Voir page 13.
(3) 7 m. 80 sur 5 m. 30.
(4) 7 m. 23 sur 9 m. 25.

un bassin à deux étages et les mosaïques de dallage de cinq de ses pièces.

La principale entrée existait sous un porche ménagé tout près de la grande voie sur la petite rue côté est. La salle où l'on pénétrait avait aussi une porte sur le portique du Decumanus, ainsi qu'une deuxième pièce disposée sur le flanc occidental de la salle d'entrée. De cette seconde pièce on parvenait à une chambre au fond de laquelle était le départ de l'escalier menant au premier étage (1). Au sud des trois pièces précitées, on en voit quatre autres; à elles sept, ces pièces occupaient la tranche orientale de l'immeuble. C'est celle qui offre le moins d'intérêt.

L'autre section de la maison est composée : d'abord de quatre chambres sans particularité à signaler (la plus grande, celle de l'angle nord-ouest, possédait une porte sur la voie triomphale); ensuite, d'un atrium dallé avec tablinum situé à l'ouest, deux pièces se commandant au sud, et deux autres dans les mêmes conditions avec les précédentes au sud-ouest de l'habitation.

L'atrium renferme un très beau bassin en pierre calcaire bleue, large de 1 m. 50 et long de 1 m. 80 dans la partie basse qui est de forme rectangulaire; la partie superposée a sa face antérieure en segment de cercle (largeur 1 m. 50, longueur 0 m. 75) (2). Les bassins inférieur et supérieur ont chacun une décharge en gradins, contournée par un filet saillant qui borde tout le pourtour de chaque vasque. Un caniveau parfaitement conservé part de la fontaine et rejoint l'égout du Decumanus Maximus.

La mosaïque du tablinum est intacte et très belle de dessin et de couleur (3). Les motifs sont d'une grande échelle, bien que les cubes soient fins. Ce sont des fleurs de nymphæa en forme de cloches bleues, blanches et jaunes, entourées de feuilles d'acanthe. Ces sortes de cloches, disposées en lignes, se succèdent symétriquement l'une à l'autre; elles alternent avec d'autres lignes de feuillages s'enroulant en volutes et se plaçant l'une au bout de l'autre avec la symétrie observée par les fleurs.

(1) Six marches de cet escalier existent encore.
(2) La hauteur de la partie inférieure est de 0 m. 42; celle du bassin entier, de 1 m. 10.
(3) Dimensions : 4 m. 30 de long sur 3 m. 40 de large.

BASSIN DE L'ATRIUM D'UNE MAISON DE LA GRANDE VOIE

Les couleurs, très vives de tons, sont le blanc, le rouge, le noir, le vert, le jaune et le bleu. Le blanc est le fond général, comme il en est d'ailleurs pour les belles mosaïques; les volutes se détachent sur un dessous de rouge magnifique.

La pièce qui fait suite à l'atrium du côté sud, et qui en est séparée par trois entrecolonnements, possède une splendide mosaïque géométrique. Malheureusement elle n'est pas entière : il n'en reste qu'un fragment de 1 m. 50 de long sur 1 m. 10 de large environ.

Elle représente une rosace, du plus beau coloris qu'il soit possible de voir, formée de feuilles de tons rouges et verts d'eau, bruns et jaunes sur fond blanc. Des rinceaux de feuillages en bouquets et de feuilles d'acanthe en vert clair et rouge sur fond noir entourent le motif central. La dimension des cubes atteint par endroits o m. 005.

Au sud de cette pièce qu'on peut considérer comme le portique de l'atrium, s'ouvre une chambre dont la mosaïque à dessin sur fond blanc figure huit carrés curvilignes, à courbes rentrantes, tantôt noirs, tantôt rouges, et dont les pointes pénètrent entre des feuillages enroulés en huit volutes enfermant quatre sortes de cœurs de couleur rouge portant sur autant d'ovales de ton noir concentrés au milieu du motif (dimensions : 5 mètres sur 3).

La chambre qui est à l'angle sud-ouest de la maison est dallée par une mosaïque presque intacte, fort belle. Les cubes sont fins; le dessin, petit d'échelle. Un carré curviligne comme ci-dessus, de ton noir avec rosace blanche au centre, est environné de quatre cœurs en feuillages rouges; le motif, qui a o m. 88 de côté, s'encadre d'une bordure composée de sortes de cloches en feuillages noirs, dont les extrémités s'enroulent et se rejoignent quatre par quatre (dimensions : 7 mètres 50 sur 3).

La cinquième salle, au nord de la précédente et au sud du tablinum, présente un dessin que nous regrettons de ne pas avoir trouvé complet. On voit cependant un groupe de quatre ovales que bordent des guirlandes de feuillages se rejoignant et formant une rosace sur le fond blanc de laquelle se détachent en noir, rouge et jaune, de beaux ornements.

Le seuil qui relie le portique de l'atrium avec la chambre située au sud du dit portique est en mosaïque d'une charmante composition. C'est une rosace de couleurs jaune, rouge et noire sur fond blanc et composée de six demi-cercles entre lesquels six sortes de cloches en feuillages jaunes et rouges s'enroulent et s'épanouissent sur les quatre côtés du carré, en feuilles rouges encadrées par les demi-cercles au fond noir.

Nous avons donc trouvé une véritable collection de mosaïques toutes plus jolies les unes que les autres, dans cette maison dont la construction est assez soignée : les murs sont en moellons reliés par des chaînes de briques et coupés de montants en pierre de grès bien dressés, ainsi qu'on le voit dans les murailles datant de l'époque prospère de la cité.

Le troisième carré, bordé par le boulevard oriental, avait aussi un portique sur le Decumanus. Ce portique comprenait sept travées soutenues par cinq colonnes, deux piliers carrés d'angle et un intermédiaire. Cinq marches servaient à rattraper le niveau entre la grande voie et le sol du portique. Ce dernier communiquait avec la maison par quatre portes aux seuils en belle pierre calcaire bleue; on compte une vingtaine de salles de grandeurs différentes, avec de fortes emprises sur les rues sud et ouest.

Un puits carré de 1 mètre de côté avec intérieur circulaire, en grès, est resté dans l'atrium, situé à l'angle sud-ouest de l'habitation dont les restes n'attirent pas l'attention d'une façon particulière.

A signaler plusieurs fragments de tuyaux de descente d'eau pluviale en pierre, comme il y en a tant à Timgad.

Nous arrivons à la deuxième rangée qui contient les petits thermes est et deux îlots.

Le premier, celui qui vient se placer juste au sud de la maison aux belles mosaïques, est divisé en deux parties par un mur continu se dirigeant du nord au sud. La division occidentale comprend :

1° Dans la direction nord, trois salles dont une convertie en écurie à l'époque byzantine, avec large porte sur la rue, au nord, et un atrium contenant une vasque demi-circulaire en grès;

2° Dans la direction méridionale, un espace à peu près carré, vide de murs, de 10 mètres sur 10 mètres environ.

La section est de l'immeuble comporte elle aussi une salle ayant servi pour abriter les chevaux et ouverte au nord,

puis huit pièces diverses dont l'accès avait lieu au sud par un
porche faisant saillie sur la rue. Un reste d'escalier, montant
à un premier étage, se voit sur la gauche de l'entrée.

Le second îlot, placé sur le boulevard de l'est, a dû être
fouillé assez profondément. A quatre mètres en contre-bas
du sol des rues, nous avons trouvé des murs en briques calcinées, constituant une sorte de très grand fourneau. C'était
un four à poteries, pour la fabrique des céramiques dont les
Romains faisaient une si grande consommation, et nous en
avons retiré une grande quantité de scories.

Ce four, établi à une basse époque sur les ruines d'une
maison qui mesurait 20 mètres sur 21 m. 80, avait comme
dimensions : à la partie supérieure, 4 m. 50; en bas, 2 m. 60.
L'ouverture était du côté est; la contenance, de 45 mètres
cubes environ.

L'entrée de la maison devait être placée sur le flanc
oriental, à l'endroit occupé par le four. On arrivait à un portique, dallé en mosaïque, encadrant sur deux côtés un atrium
dont le sol est couvert en pierre. Du portique à l'atrium, il y
a une différence de niveau de 0 m. 65 qui était franchie par
trois marches. Un bassin en calcaire (de 1 m. 60 à 1 m. 04)
occupait l'angle nord-est de la cour. Malheureusement le
four occupe la presque totalité de la longueur de la galerie
orientale de l'atrium dont la mosaïque, bien entendu, a été
détruite à cet endroit. Une chambre de 3 mètres sur 4 m. 70
qui avoisinait le vestibule a aussi été enfouie par la massive
construction du fourneau à briques.

A l'angle nord-est de la maison existait une salle au sol
de béton, avec 4 m. 70 de largeur sur 6 mètres de long, communiquant avec la galerie est de l'atrium. Au nord de cette
galerie, chambre de 2 m. 80 sur 3 m. 65, donnant sur la voie
parallèle au Decumanus Maximus; toujours sur cette même
voie, autre salle (1) ne paraissant pas avoir de portes communiquant avec l'atrium. A l'ouest de ce dernier, le tablinum (2)
s'ouvrait sur la cour par une ouverture de 1 m. 65 de large;
on accédait de là à une pièce (3) éclairée par la voie désignée
ci-dessus, et possédant un sol bétonné.

Tout le côté occidental de l'immeuble était occupé par

(1) 4 mètres sur 3 m. 65. Le sol en était recouvert de béton.
(2) 5 mètres sur 2 m. 05.
(3) 3 m. 65 sur 2 m. 85.

une galerie longue de 19 m. 60 sur 3 m. 65 de large. On y remarque deux rangées de piliers carrés dont les espacements assez rapprochés indiquent presque certainement qu'ils servaient de supports à des auges pour la cavalerie.

Reste la partie méridionale de l'îlot. Vis-à-vis de l'atrium, à peu près dans son axe, s'ouvrait par une large baie (de 2 m. 40) une salle (1) où nous avons trouvé l'une des plus admirables mosaïques de dallage de Timgad.

Une bordure à dessin géométrique, de 1 m. 35 de largeur, court sur les côtés ouest, sud et est de la salle, encadrant un rectangle (2) dont les deux petits côtés sont au nord et au sud. Le rectangle commence au seuil même de la porte; en son milieu se voit un tableau dont la largeur est de 1 m. 35 et la hauteur 1 m. 17.

La bordure se compose de cercles s'entrecoupant de façon à former des trèfles à quatre feuilles; les intervalles entre les segments de cercles sont occupés par des carrés.

Le rectangle est orné aux quatre angles de touffes de feuilles d'acanthe se divisant en trois parties principales; le bleu, le vert et le rouge y dominent. De ce noyau de feuilles s'échappent d'autres feuillages donnant naissance à des rinceaux d'une élégance rare et qui s'enroulent jusqu'au centre du rectangle, dans l'axe transversal du tableau.

La partie médiane du rectangle est décorée par un faisceau de fruits et de fleurs portant une corbeille avec des fruits et des feuilles; le long de ce faisceau viennent s'enrouler des rinceaux échappés des acanthes de l'angle et aussi des sortes de culots de feuilles grimpant à côté du faisceau et laissant partir de nouvelles volutes décorées de fleurs, de fruits, de plantes aussi variées que gracieusement dessinées. Des oiseaux, au nombre de six, revêtus d'un plumage magnifique, reposent sur les tiges courbées et sur les fleurs.

Le fond est de couleur noire; les cubes sont d'une grande finesse. Les tons sont de sept variétés : bleu, vert, jaune, rouge, blanc, gris, sépia. La composition a beaucoup d'allure, de verve. Ses différents éléments, tout en se pondérant comme il convient, ne sont pas symétriques. Aussi résulte-t-il de l'examen de cette mosaïque un imprévu et un charme inouïs.

(1) 6 m. 25 sur 6 m. 83. C'était la salle des fêtes de l'immeuble.
(2) 4 m. 88 sur 2 m. 85.

MOSAÏQUE D'UNE MAISON DU QUARTIER SUD-EST

La partie de la mosaïque consacrée aux figures représente une déesse nue émergeant de la mer dont les eaux occupent les deux tiers de la hauteur du cadre. Les bras coudés, mais écartés de la tête, tiennent les extrémités de la chevelure de la déesse assise sur la queue enroulée d'un triton placé à sa droite (par conséquent sur la gauche du tableau). Un autre triton l'accompagne de l'autre côté; tous deux tiennent un long voile suspendu au-dessus de la tête de la divinité, tandis que, sur leurs bras restés libres, repose une draperie étendue derrière la déesse qui n'est autre que Vénus Anadyomène, c'est-à-dire sortant de l'onde.

Les monstres marins ont un buste d'homme, les pattes antérieures du cheval et une queue serpentine de poisson.

Dans le coin gauche et inférieur du tableau on aperçoit la tête d'un dauphin tournée vers l'extérieur. Vénus n'a d'autre ornement qu'un collier faisant le tour du cou avec plusieurs pendeloques ou bijoux.

Le dessin de cette mosaïque est bon, mais moins remarquable que celui de la décoration du rectangle dont on ne saurait trop vanter le style et le splendide coloris.

Nous mentionnerons aussi la mosaïque du portique qui, dans cette maison, précédait l'atrium du côté sud; sur ce dallage sont figurés des ornements très soignés se répétant sur toute la longueur du portique, y compris son retour vers l'est.

En face de l'atrium, et également dans l'axe de la salle où a été trouvée la Vénus Anadyomène, un médaillon encadrait le buste d'une femme portant un coffret. Cette mosaïque a 2 m. 30 sur 2 m. 30; le médaillon, o m. 42 de diamètre. Les cheveux de la femme sont blonds, partagés par une raie au milieu de la tête et encadrent le visage qui est d'un bon style.

La femme est vêtue d'une étoffe à plis de couleur verte avec petite bordure rouge. Elle tient, à gauche, un coffret ressemblant à une boîte à bijoux, plus large que haut. On ne voit ni les bras ni les mains de la femme. Le médaillon est un peu incliné à gauche, ce qui fait que le buste n'est pas très droit et qu'il a peut-être été ajouté après coup. Cependant la bordure, composée de feuilles de laurier au milieu desquelles on voit des fruits (pommes, oranges, raisins), entoure bien le médaillon.

Les cubes sont fins (de o m. oo4 à o m. oo6); les couleurs sont variées et au nombre de sept. Les enlacements de feuilles se terminent par des fleurs de lotus. Dans les quatre coins de la mosaïque, on voit une carapace de crabe ayant o m. 41 de largeur sur o m. 38 de hauteur.

La salle de la Vénus Anadyomène était accompagnée sur le flanc ouest par une pièce de même profondeur qu'elle et de 3 m. o5 de large; et, sur le côté est, par de petites latrines dont les sièges ont disparu mais dont on distingue encore nettement la fosse recevant les matières et le caniveau creusé dans la pierre où passait l'eau courante destiné au lavage. Cette latrine est plus élevée de 1 mètre que le reste du sol de la maison. Enfin, dans l'angle sud-est de l'immeuble, on voit les restes d'une pièce de 4 mètres sur 3 m. 70 commandée par une autre de 2 m. 70 sur même profondeur. (Cette dernière est traversée par l'égout des latrines.)

Le niveau de cette habitation est à peu près le même que celui du boulevard est de la cité; mais il y a une grande différence de hauteur (4 m. 80) avec le sol de la rue bordant le côté sud et avec celui de la voie côté ouest (5 m. 50). Les murs qui s'élèvent sur ces faces sont donc de véritables murailles de soutènement; elles sont bien construites en moellons encadrés par des montants et des traverses en belles pierres de o m. 80 d'épaisseur.

Dans la troisième rangée de maisons, nous en avons, pour terminer, encore deux à décrire :

La première est bornée au nord par la petite rue qui longe le côté sud des petits thermes est; à l'ouest, par celle qui monte derrière le théâtre; à l'est, par une ruelle de 1 m. 60 de large séparant la maison de celle qui va suivre. Des portes étaient ménagées dans ses faces nord, ouest et sud. Côté nord, on remarque un vestibule accompagné à droite et à gauche d'une chambre; en face, un atrium avec portique sur deux côtés seulement, soutenu par trois colonnes dont une d'angle. Sur le côté ouest de l'atrium, porte menant à une troisième chambre; au fond du portique, escalier de quatre marches permettant de parvenir à la partie sud et postérieure de la maison. Là on compte neuf pièces dont une contenant un bassin.

A l'est de l'atrium, dans un coin duquel se voit la trace d'un caniveau, superbe bassin aux parois épaisses de 1 m. 20

et ayant 8 m. 20 de long sur 6 mètres de large. Il est disposé dans une salle, à 1 m. 60 de distance du mur de la rue; on y pénétrait par l'une des portes de la façade septentrionale. Sur le côté oriental de ce grand bassin était installé, dans une chambre (1), un distributeur d'eau qui fournissait le précieux liquide à cette partie du quartier.

Il n'est pas douteux que cet établissement hydraulique ait été construit à une basse époque, dans une maison abandonnée, au moins en partie, par son propriétaire.

Le deuxième carré, à l'est du précédent, n'en est séparé que par la ruelle déjà mentionnée. Quatre portes étaient ouvertes sur la voie nord, quatre à l'est et une au sud; elles donnaient accès à six magasins. La maison comprenait un vestibule avec entrée à l'est, un atrium dont il ne reste plus ni dallage ni bassin, et douze salles de dimensions différentes.

L'immeuble mesurait 21 m. 65 sur 21 m. 80.

Ici se termine l'exposé des découvertes de maisons isolées dans la cité; mais, avant de quitter cette dernière, nous dirons quelques mots de la bande de constructions s'alignant au sud du mur d'enceinte septentrional de la cité, et des bâtiments adjacents aux grands thermes est.

Cette bande, longue de 130 mètres environ sur une largeur de 6 mètres seulement, de la porte nord à l'angle nord-ouest, est comprise entre le boulevard nord et le rempart. Nous y avons trouvé de petits magasins presque tous accompagnés d'arrière-boutiques; et, parmi eux, quelques établissements de foulons, puis un bassin (2) avec radier en béton placé à peu près à mi-distance entre la porte nord principale et la porte nord secondaire. Près de cette dernière, une salle à peu près carrée, dallée en pierre et munie d'un puits.

Il est fort logique qu'on n'ait rencontré là que des boutiques, l'espace étant trop étroit pour contenir des habitations. Les établissements de petit commerce étaient tout naturellement placés avec avantage le long de la voie.

Le dégagement des abords septentrionaux des grands thermes est nous donnèrent, dans la partie nord-ouest du monument, les traces d'une grande salle hypocauste que les

(1) Cette chambre a été prise sur la rue qui avait primitivement 5 m. 25 de large, alors que la ruelle actuelle n'a que 1 m. 60.

(2) 14 m. 50 sur 6 mètres.

premières fouilles n'avaient pas mise au jour; le mur nord de cette nouvelle salle s'aligne avec celui du frigidarium (1) et se prolonge vers l'est en laissant un espace vide de 2 mètres derrière les thermes, ou, si l'on veut, une ruelle, parallèle au Decumanus.

De ce mur à la voie qui passe au nord de la bibliothèque, il y a une distance de 23 mètres, occupée par les ruines de deux maisons que sépare une rue, parallèle au Decumanus et venant buter sur les thermes.

Le pâté situé le plus à l'est est divisé en deux parties à peu près égales par une sorte de couloir large de 4 m. 10. On voit encore les murs séparatifs de sept pièces dans la partie méridionale de cette construction et il n'y a presque plus de traces de divisions intérieures dans l'autre portion.

L'autre maison est aussi sectionnée en deux fractions par un couloir (2) allant du nord au sud, mais la partie occidentale a 11 m. 30 de largeur et l'autre 6 m. 80 seulement. On compte sept divisions et un puits tout près de la rue commune aux deux constructions particulières; cette voie a conservé une partie de son dallage.

Il est bien évident qu'il s'est passé, dans cette partie de la ville, un remaniement analogue à celui qui a eu lieu pour le marché de l'est; des îlots de maisons ont été démolis pour faire place au grand établissement de thermes et, après l'installation de ce monument, on a accoté tant bien que mal quelques bâtisses de fortune à sa face septentrionale, dont la moitié seulement s'est trouvée isolée par la ruelle ci-dessus mentionnée.

Comme habitations en dehors de la cité, nous parlerons d'abord d'un groupe de bâtiments qui a été fouillé à une cinquantaine de mètres au sud du Capitole, à 15 mètres à l'ouest du temple de Mercure (3), et à 105 mètres à l'est du grand monastère (4).

Ces ruines n'offrent pas grand intérêt; elles sont partagées en deux fragments sensiblement égaux par un couloir (5) de 30 mètres de longueur se dirigeant de l'est à

---

(1) *Les nouvelles Découvertes*, page 54.
(2) Largeur 2 m. 45.
(3) Voir page 29.
(4) Chapitre III.
(5) Largeur 1 m. 50.

l'ouest. La partie nord des constructions est double en épaisseur, c'est-à-dire qu'il y a deux rangées de salles séparées
par un mur parallèle au couloir; la rangée septentrionale
comprend neuf pièces de différentes dimensions et un bassin;
l'autre comporte six divisions.

La partie des ruines placée au sud du corridor séparatif
est tantôt double, tantôt triple en épaisseur et contient deux
bassins. On y voit une vaste pièce (8 m. 10 sur 4 m. 90) et
dix autres de grandeurs diverses. Nous pensons qu'il existait à cet endroit plutôt des bâtiments affectés à l'industrie
que des locaux consacrés au logement de particuliers (1).

Viennent ensuite des déblais opérés sur le côté méridional du Decumanus ouest, à peu de distance du marché
de Sertius. Nous avons trouvé là des constructions privées
dont les murs sont assez mal établis ou plutôt refaits avec des
matériaux de réemploi à une basse époque. Mais nous avons
découvert d'assez jolis bains particuliers dans une maison
sise en bordure sur une petite rue (2) perpendiculaire à la
grande voie et parallèle au Forum Vestiarium (l'annexe du
marché de Sertius). La largeur de la rue (4 m. 80 à son entrée
sur le Decumanus) atteint 7 m. 30 en arrivant aux bains,
puis brusquement diminue de moitié à cet endroit, la voie
suivant une direction parallèle à l'alignement du mur ouest
des thermes de Sertius.

Les *balinæ* comprennent:

1° Un vestibule dallé en pierre, ouvert sur la rue au
nord et à l'est, et possédant un puits (3);

2° Au bout du vestibule (sur son côté ouest), petite salle
(3 m. 30 sur 2 m. 30), servant probablement de vestiaire;

3° Un frigidarium dallé en pierre et en mosaïque (4),
communiquant avec le vestibule et avec le vestiaire et contenant à son extrémité est, en bordure sur la rue, une piscine
rectangulaire dans laquelle on descendait par deux degrés (5);

(1) Les bâtiments s'étendent du nord au sud sur une longueur de 35 mètres environ.

(2) C'est la rue partant du Decumanus et se dirigeant vers le Capitole
dont il a été parlé plus haut, page 63.

(3) Largeur, 3 mètres; longueur, 6 m. 55.

(4) La mosaïque, dont nous parlerons plus loin en détail, mesure 2 m. 20
sur 2 m. 20.

(5) Longueur de la partie dallée en pierre du frigidarium : 4 m. 50; largeur : 3 m. 10.

4° Salle tiède (1), voisine de la piscine et sise le long de la voie;

5° Deuxième hypocauste (2), chauffé par un fourneau et communiquant sa chaleur à la chambre précédente, à l'ouest de laquelle elle se trouvait;

6° Troisième suspensura (3), au sud des deux premières et chauffée par un fourneau important;

7° Chambre de chauffe (4), disposée à l'ouest des hypocaustes et contenant les deux fourneaux mentionnés;

8° Enfin, couloir dallé en grès, donnant accès à la chambre de chauffe et placé au sud de cette dernière et du troisième hypocauste.

Il n'y aurait là rien de bien spécial comme intérêt si l'on n'avait trouvé dans le frigidarium de ces petits thermes une inscription faisant partie de la mosaïque du pavement. Cette mosaïque, de forme circulaire (diamètre 1 m. 98), a une bordure de palmes entrelacées; un médaillon, de 0 m. 40 de diamètre, enveloppe le texte suivant (5):

QV /////// DIXIT
PL ///////// I /////// Q //////// VT
NEGABAT
VICTVS
EST

Six petits panneaux d'un contour trapézoïdal rayonnent autour du médaillon. C'était probablement un jeu.

Dans le 1er nous lisons: BALINEVS
Dans le 2e   —   LAVAT ////
Dans le 3e   —   INVIDI
Dans le 4e   —   COL /////////
Dans le 5e   —   MOLAN /////
Dans le 6e nous n'avons pu rien distinguer.

La couronne de feuillages est de plusieurs couleurs: blanche, rouge, jaune et noire; les lettres se détachent en blanc sur fond noir.

____

(1) 1 m. 90 sur 1 m. 70.
(2) 1 m. 55 sur 1 m. 80. Dallé en mosaïque à dessins géométriques.
(3) Long. 3 m. 30 sur 1 m. 85 de large.
(4) 3 m. 70 sur 3 m. 45.
(5) Hauteur des lettres, 0 m. 06.

MOSAÏQUE

DIANE SURPRISE AU BAIN PAR ACTÉON

Sur le flanc occidental de ces petits bains, on a déblayé une cour assez vaste autour de laquelle se groupent des constructions particulières (1).

Dans notre volume « les Nouvelles Découvertes » nous avons (page 97) décrit la mosaïque de Diane et d'Actéon, sans en donner la représentation. Cette mosaïque ayant pu être photographiée depuis la publication des « Nouvelles Découvertes », nous comblons cette lacune aujourd'hui.

(1) 4 m. 5o sur 3 mètres.

CHAPITRE VI

Nous donnons ci-dessous la nomenclature des établissements de thermes publics dont l'étude a paru dans nos deux premiers volumes :

Les Ruines de Timgad.

Les Nouvelles Découvertes de Timgad.

1° Grands thermes sud (*Les Ruines de Timgad*, p. 169).

2° Petits thermes nord (*Les Nouvelles Découvertes de Timgad*, page 35).

3° Grands thermes nord (*Les Nouvelles Découvertes de Timgad*, page 38).

4° Petits thermes est (*Les Nouvelles Découvertes de Timgad*, page 49).

5° Grands thermes est (*Les Nouvelles Découvertes de Timgad*, page 55).

6° Petits thermes du centre (*Les Nouvelles Découvertes de Timgad*, page 60).

Ceux qui ont été déblayés depuis 1903 sont :

7° Thermes des Filadelfes (1904-1905).

8° Petits thermes nord-est (1907).

9° Petits thermes sud (1904).

10° Thermes dits du Capitole (1909-1910).

11° Thermes ouest (1909).

12° Thermes nord-ouest (1905).

13° Thermes dit du Marché de Sertius (1905).

§ Ier

THERMES DES FILADELFES

Distant des grands thermes nord de vingt-trois mètres, à l'ouest de ceux-ci, le monument que nous allons décrire était enfermé dans un rectangle de 38 mètres sur 61, la plus grande dimension étant dans la direction du nord au sud.

L'entrée était ménagée sur la face méridionale, à cinq mètres environ de l'angle sud-est de l'enceinte quadrangulaire. A droite, on voit les substructions d'une petite pièce qui pouvait être consacrée au préposé de l'établissement; à gauche, un portique à colonnes qui s'étendait sur toute la largeur de la façade principale et précédait une grande cour dans laquelle existent encore la bordure et le radier en pierre d'un bassin (1) assez grand. En face de l'entrée, un retour du portique, large de 4 mètres, et accompagné sur son côté est d'une grande pièce (2), aboutissait à la porte d'une sorte de tambour ou porche suivi lui-même d'une antichambre donnant accès latéralement (3) à une galerie, jadis dallée en mosaïque (4).

Ce porche avait, dans la cour, un pendant avec lequel il communiquait par un portique, aujourd'hui disparu, qui se dressait devant la galerie. Le second porche, situé à l'ouest par rapport au premier, avait une porte sur la cour; une, à gauche, sur une pièce (5) possédant une sortie côté ouest et paraissant avoir servi de porte de surveillance; enfin, une dernière baie permettant de pénétrer dans une grande salle dallée en mosaïque (6). De cette salle on gagnait, toujours côté ouest, une autre vaste pièce (7) adossée au mur extérieur

(1) De 10 mètres sur 6 mètres. Le petit côté est parallèle au portique dont il est distant de 1 m. 26.

(2) Dallée en béton avec traces d'anciennes mosaïques. Dimensions : 13 mètres sur 4 m. 20.

(3) Sur la gauche, à l'ouest par conséquent.

(4) L'antichambre a conservé des traces de dallage en mosaïque.

(5) 2 m. 50 sur 3 m. 20.

(6) 5 m. 39 sur 7 m. 68. Elle communiquait aussi avec la pièce et avec la galerie.

(7) 3 m. 70 sur 7 m. 41.

occidental de l'enceinte et, de son angle nord-ouest, on passait dans un étroit couloir débouchant sur une importante cour réservée à une partie des services de chaufferies et menant, par un portique (1) établi sur son côté occidental, à des latrines de forme demi-circulaire ayant conservé intacte la mosaïque très curieuse de son dallage (2).

Cette mosaïque, transportée au Musée, est en éventail avec demi-rosace à fleurs entourant le point de centre; elle contient, de plus, vingt-huit segments décorés chacun de neuf motifs représentant des demi-cercles par moitié blancs et noirs, dont les dimensions vont en se rétrécissant au fur et à mesure de leur rapprochement du centre. Une salle, aux murs actuellement détruits, garnissait le fond de la cour de service et flanquait la paroi est des latrines. Enfin, trois chambres (3), dont celle du milieu au dallage de mosaïque et une seconde (à l'ouest), divisée en deux fractions (4), terminaient la partie nord-ouest du monument.

Revenons à la galerie d'entrée (5) : dans son angle nord-est, trois entrecolonnements conduisaient à une grande salle centrale dont le sol est encore recouvert d'une magnifique mosaïque encadrée par une bordure renfermant des entrelacs en forme de T, jaunes sur fond bleu avec filets blancs.

Sur le côté est de la salle, exèdre ou salle de conversation, largement ouverte, dallée en mosaïque (noire et blanche); toujours du même côté, petit cabinet pavé en pierre, de même profondeur que l'exèdre (6).

Sur le flanc occidental de la salle centrale, grande piscine froide dont le fond est en mosaïque de ton noir (7). Comme la piscine des grands thermes sud, celle-ci est enveloppée de

(1) Ce portique, de 3 m. 5o de largeur, aujourd'hui détruit, a conservé sur son sol des traces de mosaïques.

(2) 4 m. 4o sur 2 m. 4o. Le canal qui entourait cette mosaïque de dallage avait o m. 2o de largeur. Les latrines étaient enfermées dans un rectangle de 6 m. 4o sur 4 m. 36, dont les murs étaient enduits de peintures imitant des dessins de marbres.

(3) Profondes de 3 m. 88.

(4) Par une sorte d'antichambre de 1 m. 42 de large la précédant sur son côté sud.

(5) Large de 15 m. 3o sur 3 m. 18 de profondeur.

(6) 4 m. o3. La largeur du cabinet était de 2 m. 12.

(7) Les degrés pour y descendre existent encore. Un réservoir avec hémicycle était placé sur son côté nord ; il mesurait à l'extérieur : 3 m. 12 sur 3 m. 6o.

murailles couvertes de peintures à la fresque représentant des imitations de marbre, en forme de panneaux rectangulaires. Sur le côté ouest de la piscine, ont été ménagées des niches carrées.

Enfin, au nord de la salle des exercices, trois portes étaient pratiquées. Celle de droite (angle nord-est) conduisait à un large dégagement dallé de pierre et contenant un escalier dont sept marches sont encore en place (dans l'angle nord-ouest de ce vestibule). Ce dégagement était utilisé à l'autre partie du service des chaufferies ainsi qu'en témoigne la présence d'un fourneau qui élevait la température d'une chambre hypocauste (le tepidarium), disposée dans l'axe de la partie nord de la grande salle et communiquant avec elle par la deuxième (1) des trois portes citées ci-dessus.

La troisième baie (angle nord-ouest de la grande salle) permettait d'accéder à un apodyterium dallé en béton (de briques pilées et ciment) qui était ouvert sur le côté occidental du tepidarium, et dans l'angle nord-est de la piscine.

Au nord du tepidarium, un second hypocauste(2) (caldarium) était chauffé sur son côté droit par un fourneau adjacent au dégagement de service; sur son flanc ouest (ou de gauche), se trouve un alveus demi-circulaire, pavé de jolies mosaïques géométriques, et muni au nord d'un important fourneau de forme ronde. Le fourneau de droite chauffait aussi un bassin rectangulaire disposé de ce côté. Sur le flanc septentrional du précédent caldarium, autre chambre chaude de même nature communiquant avec lui par une porte et possédant, près de son angle nord-ouest, un grand hémicycle qui, construit en briques et moellons auxquels le feu a laissé une couleur rougeâtre, recevait la chaleur d'un foyer placé au nord-ouest de l'hémicycle. Ce foyer était desservi par une chambre de chauffe, placée au nord-ouest de l'hémicycle; une autre chambre contenait aussi un fornax qui donnait la température élevée à la paroi gauche du second caldarium, dont le côté droit (à l'est) était percé d'une porte menant à une petite pièce dallée en pierre laquelle se trouvait au nord du dégagement attenant aux deux premiers hypocaustes (3).

(1) Cette porte a encore ses jambages de pierre.
(2) Communiquant avec le tepidarium.
(3) Le tepidarium et le premier caldarium.

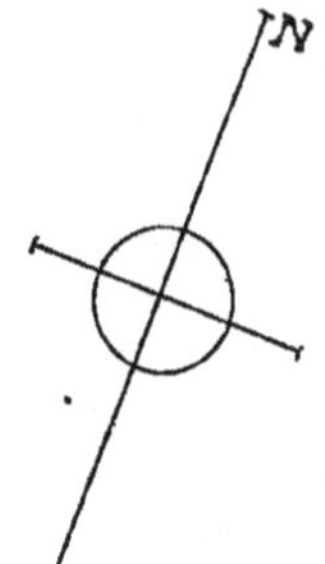

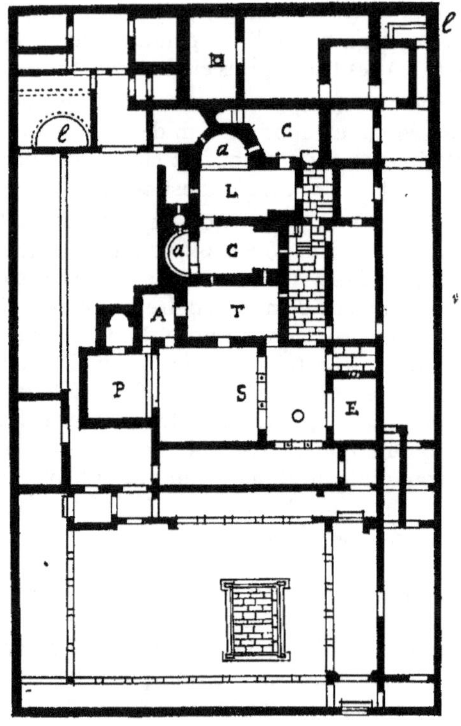

A Apodyterium.   T Tepidarium.
C Caldarium.   L Laconicum.
E Exèdre.   a Alveus.
P Piscine.   l Latrines.
S Gᵈᵉ Salle.

L'alveus demi-circulaire du premier caldarium était
garni d'une pierre contenant un jeu de billes et portant l'inscription :

C I R C V S   V A C A T

C'est-à-dire « *le cirque est vide* ».

Derrière, au nord de l'hémicycle du deuxième caldarium, on voit un petit bassin chaud (1) auquel on accédait par
deux gradins dans l'angle nord-ouest d'une troisième salle
chaude, celle où fut trouvée une mosaïque que nous décrirons
tout à l'heure.

Cette chambre (2) était disposée au nord du deuxième
caldarium et, sur le seuil de la porte qui établissait une communication entre elles, se trouvait l'inscription :

S A L V V m   L O T V m

C'est-à-dire « *le bon bain* »; c'est le souhait de prendre
un bon bain qu'on faisait aux clients du lieu.

Au sud-est de la salle existait un fourneau desservi par la
petite pièce formant le prolongement du dégagement de service côté est de l'édifice. La chaleur arrivait également par
une conduite établie sous la partie nord-est de l'hémicycle du
deuxième caldarium.

Dans ces thermes on ne trouve pas la pièce chaude (3)
dépourvue d'alvei qui constitue le laconicum (étuve) des autres bains publics de Timgad. C'est là conséquemment une
particularité à noter, mais cela ne veut pas dire que l'un
des caldaria n'ait pas servi d'étuve. Nous pensons que c'est
le deuxième caldarium qui était ici utilisé comme laconicum,
la déperdition de chaleur devant y être très faible en raison de
la situation de la pièce entre deux caldaria.

Le grand dégagement du vestibule disposé sur les côtés
est du tepidarium et du premier caldarium communiquait par
deux portes percées dans son mur oriental à deux pièces
d'inégales dimensions; la plus grande contenait trois auges
de pierre pour les chevaux; au nord de cette dernière, autre
pièce placée sur la même ligne que le second caldarium et
son annexe.

(1) Ayant sa décharge sur son côté nord.
(2) Longue de 6 m. 50 sur 3 m. 70.
(3) Tepidarium excepté. En effet la chambre tiède n'a jamais de bassins
à Timgad.

La troisième chambre chaude était aussi flanquée à l'est d'une salle dont les quatre murs seuls subsistent sans indications sur sa destination; il en est de même pour les grandes pièces (1) qui complètent le monument au nord et au nord-est des bains chauds, à l'exception toutefois de latrines parfaitement reconnaissables dans l'angle nord-est du quadrilatère, et établies sur plan rectangulaire (3 m. 95 sur 1 m. 90).

Voici donc un second exemple de la présence de deux latrines dans des thermes à Timgad. Le premier, on s'en souvient, s'est rencontré dans les petits thermes nord.

Au sud de ces latrines nord-est, on voit une pièce de 4 m. 60 de long sur 2 m. 30 de large et un corridor d'accès aux dites latrines situé sur le côté est de la pièce, le long de l'enceinte orientale de l'établissement; au sud de cette pièce et du corridor, terre-plein (2) qui devait être autrefois occupé par une salle, puis, jusqu'à la hauteur du porche d'entrée, long espace vide sur lequel les pièces de service de chaufferies de bains (côté est) avaient une issue; nous pensons qu'il y avait là une cour; deux petites chambres et une fosse, creuse de 0 m. 80, la limitaient au midi, tout près du porche d'entrée est.

Il est temps que nous arrivions à la justification du titre de *Thermes des Filadelfes* donné aux bains qui nous occupent et aussi que nous donnions la description de la mosaïque de la chambre chaude située au nord-est du laconicum ou second caldarium. Outre le très grand intérêt qu'offre cette mosaïque par elle-même, par son coloris et par son absolue conservation, elle a eu l'honneur d'être l'objet de controverses savantes que nous allons exposer successivement.

Après avoir franchi le seuil où on lisait les mots (3) :

SALVVm   LOTVm

cités plus haut, on marchait sur un dallage de 6 m. 50 de long et de 3 m. 50 de largeur, diminué toutefois par un pan-coupé occupant la place de l'angle sud-ouest de la salle.

---

(1) Ce sont, en allant de l'ouest à l'est : salle de 7 m. 10 de long sur 4 m. 28 de large, avec puits; salle de même longueur et de 6 m. 90 de largeur; dégagement le long du mur de l'enceinte nord, de 1 m. 75 de large sur 4 mètres de long; enfin, pièce de 3 m. 75 de large sur 5 m. 30 de long au sud dudit dégagement.

(2) 5 mètres sur 4 mètres de large.

(3) Hauteur des lettres : 0 m. 15.

ND PHOT.

MOSAÏQUE

D'UNE SALLE CHAUDE DES THERMES DES FILADELFES

Un très riche ensemble de motifs d'ornements multicolores sur fond blanc encadre un tableau de 1 m. 40 de haut sur 0 m. 94 de large. Les ornements se répétant six fois dans le sens de la longueur et trois fois dans celui de la largeur donnent assez bien l'idée de ces dessins de faïences que les Persans ont si bien développés plus tard en s'inspirant des Romains: ce sont des motifs de fleurs mélangés avec des formes géométriques, des feuillages, des rinceaux dans les combinaisons desquels l'œil se perd en rêvant et en cherchant à démêler ou à analyser les combinaisons voulues par l'artiste auquel sont dues ces compositions charmantes.

Au-dessus du tableau, une inscription (1):

FILADELFIS VITA

« Vivent les Filadelfes! »

en occupe toute la largeur et nous renseigne immédiatement sur le nom de la Société à qui appartenait l'établissement.

Au-dessous des lettres on voit deux personnages au milieu desquels monte un arbre, probablement un laurier. La figure de droite représente un homme debout; un manteau, flottant au vent, s'enroule autour de ses reins juste pour cacher la partie délicate de sa nudité qui, à part ce détail, est entière. Il en est de même pour l'autre figure, une femme à genoux cherchant à se protéger au moyen de la main gauche contre l'attaque de l'homme armé d'un bâton. Un tambourin est devant elle, à terre; elle le retient de la main droite.

Il avait d'abord été question de voir dans cette scène le châtiment de la ménade Ambrosia (2) par le roi de Thrace, Lycurgue, qui ayant interdit dans ses états la célébration des mystères de Bacchus, surprendrait la coupable en train d'enfreindre sa loi. Ce sujet a été en effet représenté d'une façon analogue à Narbonne (3) dans une mosaïque du musée. La punition de Lycurgue fait aussi le sujet d'une mosaïque découverte à Herculanum et conservée au musée de Naples (4). Le tympan que tient la nymphe donne une vraisemblance à l'identification de cette scène, mais d'autre part le bâton est un bâton de berger; la jeune fille tombée sur les

---

(1) Hauteur des lettres : 0 m. 11.
(2) Qui a donné son nom à l'ambroisie.
(3) *Bulletin de la Commission·Archéologique de Narbonne*, 1891, planches Rioli.
(4) D. Monaco, Catalogue du Musée de Naples, page 28.

genoux se retourne avec un geste qui demande bien grâce, mais elle ne paraît pas trop effrayée en somme, et son persécuteur n'est pas non plus bien violent et farouche.

Sans la présence du tambourin, attribut de Bacchus, on pourrait penser à l'aventure d'Apollon et de Daphné chantée par Ovide dans ses *Métamorphoses* (1). Apollon était alors chez Admète pour expier le meurtre des Cyclopes. Daphné était une chasseresse infatigable autant que chaste; elle avait de fort beaux cheveux, mais assez mal peignés (2). Il en est ainsi dans notre mosaïque, mais il est bien difficile cependant de croire que le tympanon n'est qu'un simple motif de remplissage, sans signification symbolique.

D'un autre côté, le tableau qui nous occupe est non seulement très ressemblant à celui de Narbonne, mais encore il présente d'étroits rapports avec le sujet central de la mosaïque de Villebonne dans laquelle Daphné pose la main droite sur une sorte de cruche; Apollon y tient son pedum tout droit, tandis qu'il est presque horizontal à Timgad.

Suivant cette opinion, notre mosaïque qui, à en juger par sa facture, doit dater du troisième siècle, rentre dans la série si nombreuse et si variée des mosaïques *ovidiennes* qu'il faut opposer à la série *virgilienne,* toutes deux étant d'ailleurs en grand honneur en Afrique.

D'après M. Gsell, le mosaïste des bains des Filadelfes a voulu représenter Jupiter et Antiope. On sait que, dans cette aventure amoureuse, Jupiter prit les traits d'un satyre. C'est en effet à un satyre que conviendrait le costume sommaire et le bâton du jeune homme. Quant à Antiope, ses rapports étroits avec le cortège de Bacchus justifieraient le tambourin qu'elle tient.

Si cette hypothèse est exacte, il convient de faire remarquer que ce sujet a été très rarement traité par les anciens et que notre mosaïque, en dehors de la beauté de la scène figurée, n'en offre que plus d'intérêt.

Tel était ce bel établissement que nous avons rangé parmi les bains publics, bien qu'il ait été plutôt le rendez-vous ou le cercle d'une société privée. Mais, dans le cas où notre désignation serait sujette à critique, nous ferions remarquer que nous ne pouvions pas confondre ces thermes avec ceux

(1) I, VII.
(2) « Vitta coercebat positos sine lege capillos ».

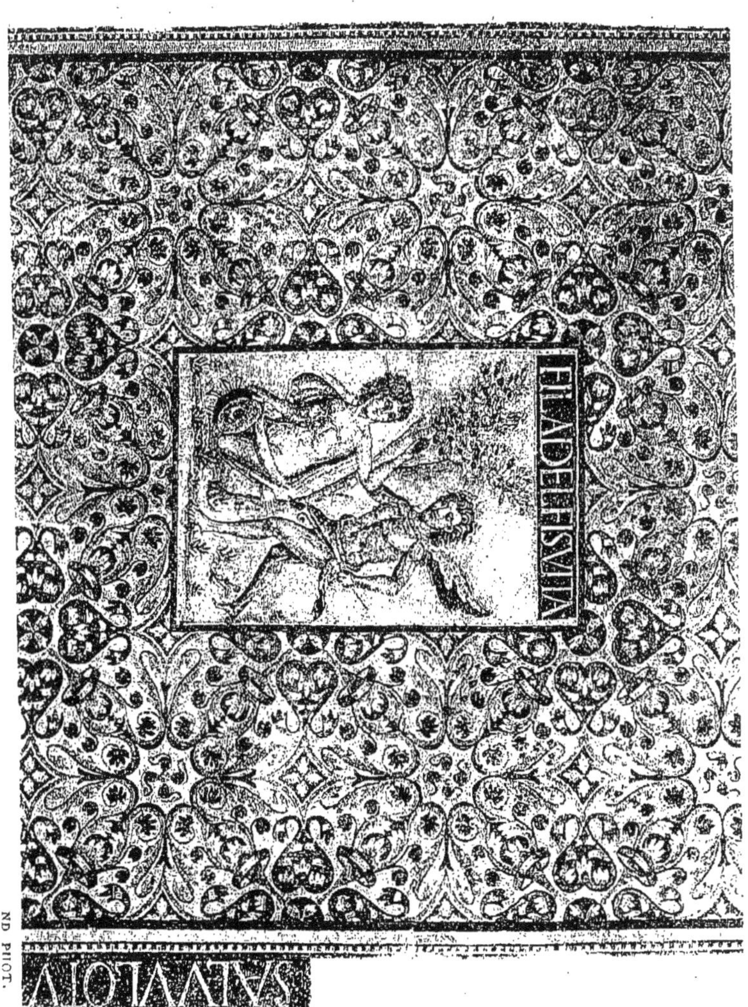

MOSAÏQUE D'UNE SALLE CHAUDE DES THERMES DES FILADELFES

ND PHOT.

qui font partie intégrante des habitations; en second lieu,
nombre d'autres bains de Timgad, que nous classons aussi
dans les édifices municipaux, pouvaient fort bien appartenir
à des corporations ou des réunions de personnages dont les
noms, faute d'inscriptions, ne sont pas parvenus jusqu'à
nous.

§ II

PETITS THERMES NORD-EST

Tout à fait dans l'angle nord-est de la cité, là où le mur
d'enceinte s'arrondit comme le périmètre d'un camp romain,
nous avons trouvé le huitième établissement de bains publics
de Timgad.

L'entrée est à l'extrémité septentrionale du boulevard
est; elle est pratiquée sur le côté droit d'un étroit vestibule
communiquant avec une pièce plus spacieuse, l'apodyterium. On entre ensuite dans la salle des pas perdus, jadis
dallée en calcaire (1).

Sur le flanc sud de la salle, du même côté que le vestibule, trois gradins permettaient de descendre dans une assez
grande piscine d'eau froide; au nord était le mur d'enceinte.
Près de la piscine, un dégagement et un réservoir (2); restent
les côtés est et ouest de la salle à décrire.

Ici nous devons faire remarquer une particularité de plan
que nous n'avons pas encore vue : le frigidarium se trouve au
centre des bains chauds; à droite et à gauche, à l'est et à
l'ouest par conséquent, sont les services de cette partie thermale séparés en deux par la grande salle.

A l'ouest, on compte quatre chambres de chaleur : un
tepidarium le long de l'enceinte de la cité et, au sud de celui-
ci, un premier caldarium sans alveus; ensuite une étuve (laconicum) à l'ouest des deux premiers hypocaustes; enfin, un
deuxième caldarium avec alveus demi-circulaire sur son flanc

(1) 13 m. 15 sur 6 m. 65.
(2) 2 m. 30 sur 2 m. 30.

méridional. Le mur nord de la cité est aussi la limite septentrionale de ces chambres; sur leurs côtés sud et ouest s'étend
le couloir de service des chaufferies avec quatre fourneaux :
un pour chaque caldarium, un pour l'alveus, un pour l'étuve.
Le tepidarium, suivant l'usage, est éloigné des *fornaces* et se
chauffe par l'intermédiaire des autres salles.

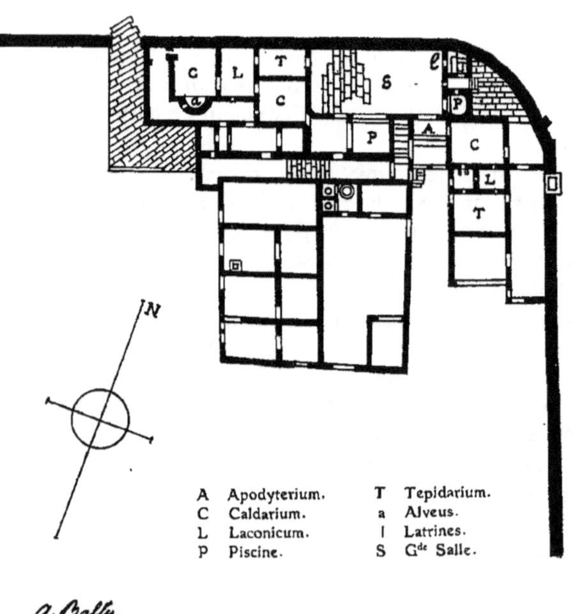

La limite occidentale de l'établissement n'est autre que
le passage de la poterne nord-est de la cité. A l'est de la
grande salle ou frigidarium central, s'ouvre tout d'abord une
antichambre donnant accès à de petites latrines disposées le

long du mur nord, et une seconde piscine d'eau froide assez
réduite (1); à l'est de ces trois pièces, une cour dallée en grès
dont la paroi orientale constitue l'angle en forme de quart de
cercle de la muraille de la ville. Puis, au retour, au sud, se
développe la distribution suivante:

Le long du rempart oriental, une galerie (2) dessert trois
nouvelles salles chauffées. La galerie a une entrée percée dans
le mur d'enceinte; elle a conservé son dallage en mosaïque et
donne accès d'abord à un caldarium (3), pièce disposée au
nord, puis à une petite étuve (4) ayant conservé sa mosaïque;
enfin au tepidarium (5) symétrique avec le caldarium et situé
au sud de l'étuve.

Ces hypocaustes avaient leur température élevée par des
fourneaux donnant sur une antichambre dans laquelle on
pénétrait par le boulevard de l'est. Cette antichambre avait la
même largeur que la petite étuve et était placée de façon à
commander les trois pièces chaudes.

Ainsi l'établissement avait deux entrées: l'une donnant
sur le boulevard que le monument interrompait dans le coin
nord-est de la ville; l'autre pratiquée dans le mur oriental de
celle-ci; une seule grande salle de bains froids avec piscines
et deux séries de bains chauds séparés par le frigidarium.

Cet édifice fut évidemment bâti à une époque très postérieure à la fondation de la cité, comme le démontre la
licence avec laquelle une des voies les plus importantes se
trouva obstruée dans un point où la circulation était cependant bien nécessaire. Il fallait qu'alors la discipline municipale fût bien relâchée et qu'on se préoccupât aussi fort peu
de la sécurité pour ouvrir une porte directement sur la plaine
et sans que la nécessité en fût bien démontrée.

Trois beaux chapiteaux de l'ordre corinthien en calcaire
blanc ont été trouvés dans cette fouille; deux surmontaient
des colonnes; le troisième, une demi-colonne. Leur sculpture
est toute imprégnée de ce caractère gréco-byzantin dont nous
trouvons tant de manifestations dans l'ornementation du
nord de l'Afrique.

(1) 2 m. 3o sur 2 m. 20.
(2) Longue de 18 mètres et large de 3 m. 5o.
(3) 4 m. 15 sur 5 m. 6o.
(4) 2 m. sur 3 m. 20.
(5) 4 m. 15 sur 5 m. 6o.

§ III

PETITS THERMES SUD

A quarante mètres des bassins voisins des grands thermes sud(1) nos travailleurs ont découvert un joli monument
dont l'entrée était au nord-est. Une large porte permettait
de pénétrer dans un premier vestibule rectangulaire au fond
duquel un renfoncement profond de 1 mètre était réservé à un
tenancier de bains (*balneator*). Du vestibule d'entrée, dallé
en mosaïque de couleur noire, on accédait, à l'ouest, à un
deuxième vestibule (2) qui s'ouvrait sur la grande salle centrale indispensable à tous les thermes romains.

Il est à remarquer que, pour empêcher le public du dehors de voir à l'intérieur de ces bains, le premier vestibule ne
communiquait avec les salles que par l'intermédiaire du
second, et il était impossible de voir ce qui se passait au
dedans avant de parvenir à ce dernier.

La grande salle, large de 6 m. 50 sur 9 m. 30, était limitée
au nord-est par le second vestibule; au nord-ouest, par une
petite pièce rectangulaire qui servait d'apodyterium (salle où
l'on se déshabillait). Sur le côté est donnaient deux exèdres
pour le repos et la conversation. L'une, celle du nord, était
demi-circulaire; l'autre, au sud, était rectangulaire. La première a conservé sa mosaïque de dallage ornementée ; la
seconde était recouverte d'une mosaïque de couleur noire,
plus tard rapiécée avec des petits cubes de terre-cuite. Au sud
de l'exèdre rectangulaire, juste à l'angle sud-est du bâtiment,
on voit une pièce qui était destinée à la réserve du combus-
tible; elle était recouverte sur le dehors, au sud.

A l'ouest de cette pièce, au sud-est de la grande salle, un
étroit dégagement de service faisait communiquer cette dernière avec l'extérieur. Au sud de la salle, dans l'axe, se trouvait la piscine d'eau froide dans laquelle on descendait par
deux degrés actuellement en bon état encore.

(1) Voir page 19.
(2) Dallé autrefois en mosaïque qui fut remplacée à une basse époque
par des grandes dalles en terre-cuite qu'on posait sur les piliers d'hypocaustes.

A l'ouest de la salle centrale, côté nord, une porte accédait à la pièce tiède, au tepidarium (1); de cette salle on communiquait à un premier caldarium (2) muni sur son flanc oriental d'un bassin chaud (alveus) rectangulaire, contigu à la grande salle. Au sud de ce caldarium dans l'angle sud-ouest du monument, se dressait une deuxième salle chaude (3) flanquée, sur son côté est, d'un alveus rectangulaire et, sur son côté sud, d'un bassin en hémicycle.

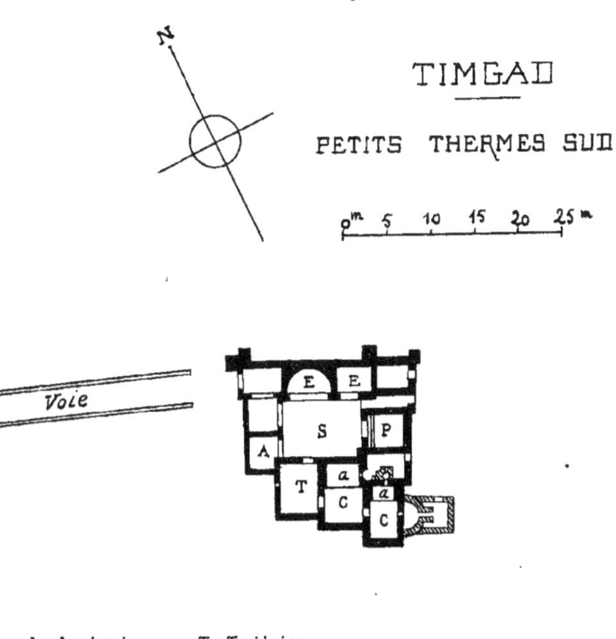

Enfin, sur le flanc est du deuxième caldarium, un dégagement pour le service des chaufferies permettait l'alimentation, au nord, d'un fourneau pour le premier caldarium; à

(1) Dimensions : 3 m. 82 sur 5 m. 03.
(2) Dimensions : 4 m. 45 sur 6 m. 25.
(3) Dimensions : 3 m. 88 sur 6 m. 38.

l'ouest, d'un autre fourneau pour l'alveus du deuxième caldarium.

Le tepidarium n'avait pas de fourneau spécial. Il bénéficiait seulement de la chaleur que lui apportait le voisinage de la première chambre chaude. Quant à l'alveus demi-circulaire du deuxième caldarium, il était desservi par une case spéciale de service disposée sur son côté méridional.

La façade orientale de l'établissement était munie de quatre gros contreforts en maçonnerie: soit, deux à l'angle nord-est; un, en prolongement du mur séparant l'exèdre rectangulaire de la pièce de réserve pour combustibles; le quatrième, à l'angle sud-est de celle-ci.

Le dallage de la salle des exercices était, comme on le pense bien, en mosaïque d'ornements et devait être très riche. Mais, à un moment de remaniements, on répara cette mosaïque qui était en mauvais état et l'on en remplaça la plus grande partie par des dalles en terre-cuite d'hypocaustes qui couvrent actuellement la presque totalité du sol de la salle. Nous avons examiné attentivement ces dalles; nous en avons trouvé deux portant des inscriptions et deux: l'une, avec tête de femme, gravée; l'autre, avec tête d'homme dont les cheveux tombent abondamment de chaque côté. La première inscription est ainsi conçue:

SATVRNVS FECIT

BONIS BENE
TALIA
TALIBVS

« *Aux bons, du bien; à chacun, suivant ses œuvres* ». — *Ecrit par Saturnus.*

La seconde inscription est la suivante:

SATVRNINVS FECIT

DEDI SPERATVm
NE DISPERES
LEGISTI
RECEDE

« *Je t'ai donné l'espérance, de peur que tu désespères; tu as lu, retire-toi.* » — *Ecrit par Saturninus.*

§ IV

THERMES DITS DU CAPITOLE

Ces thermes se trouvent à 45 mètres est du monastère et à 50 mètres ouest du Capitole. La séparation des bains froids et des bains chauds est ici très nette : à l'est ce sont les premiers; à l'ouest, les seconds.

La grande salle des exercices (1), au sol recouvert par une mosaïque de fond noir avec sortes de croix de Malte se détachant en blanc, était, sur son côté oriental, percée de trois portes donnant sur autant de pièces, exèdres ou bureaux. Au nord, deux autres chambres et, dans l'angle nord-est, couloir de dégagement ou plutôt l'entrée de l'établissement; à l'ouest, mur plein séparatif de la section thermale. Au sud, enfin, deux piscines froides (2): l'une (dans l'angle sud-est), avec extrémité demi-circulaire (3); l'autre, rectangulaire (4); en troisième lieu, couloir (5) conduisant à la première salle chaude (6) que contourne au sud et à l'ouest une étroite galerie de service voûtée, destinée aux fourneaux. Un second hypocauste (7) est disposé au nord du premier et communique directement avec lui, de même qu'avec un troisième (8) placé à la suite, au bout de la galerie des chaufferies et sur le côté septentrional de la seconde chambre chaude.

La galerie, dont l'entrée a lieu au sud du premier hypocauste, passe de 0 m. 80 de largeur à 2 m. 15 en arrivant à la dernière salle thermale; au milieu de son parcours, on monte cinq marches pour arriver à l'un des foyers qui élevait la température de cette chambre, chauffée aussi du nord par un second fourneau et garnie de ce côté, en son milieu, d'un alveus demi-circulaire (largeur 2 m. 40). Ce bassin était

(1) 8 m. 90 de large ; 10 m. 55 de long dans le sens du sud au nord.
(2) Avec trois degrés pour y descendre
(3) 3 mètres sur 2 m. 10. L'extrémité demi-circulaire est côté sud.
(4) 3 m. 50 sur 3 m. 20 de large.
(5) Largeur, 1 m. 35. Ce couloir se trouve dans l'angle sud-ouest de la grande salle.
(6) Cette salle a des traces de mosaïque, elle mesurait 5 m. 10 sur 3 m. 65.
(7) 3 m. 70 sur 4 m. 40.
(8) 5 m. 65 sur 4 m. 50.

chauffé par un fourneau spécial, disposé suivant son axe longitudinal, et desservi par un autre corridor de service qui se retournait le long de la paroi orientale du troisième hypocauste, pour aboutir à un nouveau foyer servant à la seconde salle chaude.

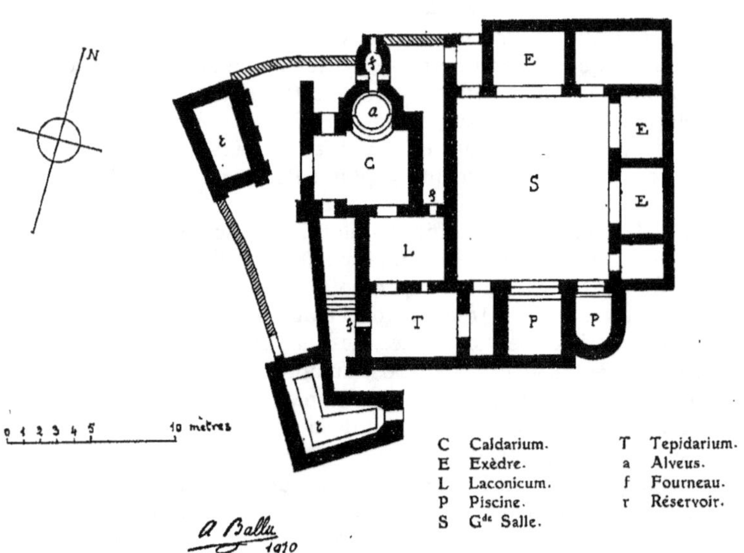

La présence de l'alveus ne laisse pas de doute sur la destination de la chambre placée à l'extrémité septentrionale du bâtiment: c'était le caldarium. La salle intermédiaire servait d'étuve et l'hypocauste communiquant avec le frigidarium était, suivant l'habitude, le tepidarium.

Il ne nous reste plus à parler que de deux constructions annexes placées: l'une au nord-ouest de ces thermes, l'autre dans l'angle sud-ouest. C'étaient des réservoirs. Le premier, en forme de trapèze, mesurait 4 m. 70 de long sur une largeur moyenne de 2 mètres; sa face orientale était consolidée par

trois contreforts en briques et l'épaisseur de ses autres murs
était assez forte pour résister à la charge de l'eau.

La seconde citerne est d'une disposition fort curieuse: au
lieu d'être enfermée dans des murs droits, elle est close par
des parois se coudant à angle droit en formant retour de l'est
à l'ouest et du nord au sud. Sa profondeur, qui est de 2 m. 40
au-dessous du sol, est coupée par une banquette, de o m. 60
de hauteur, bétonnée comme les murailles qui s'élèvent au-
dessus d'elle. La largeur de la banquette varie de o m. 60 à
o m. 40; l'amenée des eaux avait lieu par un tuyau de plomb
du côté nord-est; la décharge, côté est, se voit à o m. 80 de
hauteur du sol, et à o m. 20 au-dessus de la banquette, dont la
fonction, selon nous, était uniquement de donner une grande
force de résistance à la pression du liquide, et c'est pour le
même motif, croyons-nous, que le plan du bassin était de
forme coudée (1).

§ V

THERMES OUEST

Cet établissement est distant du temple de Jupiter de
80 mètres; du monastère de l'ouest, de 60 mètres; de la porte
de Lambèse, de 250.

L'entrée était, au sud, pratiquée dans un mur placé en
biais par rapport à la direction générale des alignements de
l'édifice. Une antichambre (2) précédait un vestibule (3) sur
le côté droit duquel existe encore le bas d'un escalier qui accédait à un premier étage. On parvenait ensuite à une galerie (4) largement ouverte en deux travées d'arcades sur une
grande salle dallée en pierre (5)

---

(1) Longueur, 3 m. 3o ; largeur, 2 m. 75.
(2) Longueur, 7 m. 20 ; largeur, 4 m. 15.
(3) Les dimensions extérieures des parois à angle sortant étaient : 6 m. 70
au sud; 5 m. 07 à l'ouest; l'extrémité nord avait 4 mètres; celle de l'est,
2 m. 15. La face à angle rentrant est avait 2 m. 75; celle idem au nord,
2 m. 70.
(4) 2 m. 10 sur 3 m. 60.
(5) 6 mètres de longueur sur 5 m. 20 de large.

La galerie était plus élevée que la salle de la hauteur de trois marches comprises dans l'épaisseur des deux arcades qui séparaient les pièces; ladite galerie formait donc une sorte d'estrade disposée sur le flanc oriental de la grande chambre qui était certainement réservée aux exercices (*ephebeum*).

Au sud de celle-ci, une piscine d'eau froide (1), recouverte d'enduit, a conservé les trois marches qui permettaient d'y descendre; dans l'angle sud-ouest de la grande salle, décharge pour l'enlèvement des eaux de lavage, et porte conduisant à l'une des pièces de chauffe dans laquelle se trouvait un fourneau pour les bains chauds.

Deux hypocaustes se rangent le long du flanc occidental de la salle du centre, en partant de l'angle nord-ouest de cette dernière; c'est d'abord le tepidarium, qui n'était chauffé qu'indirectement et qui communiquait au sud avec un caldarium (2), garni à l'ouest d'un alveus chauffé par deux fourneaux: celui déjà mentionné et un autre situé dans une deuxième chambre, toujours à l'ouest. Le côté occidental du tepidarium donnait accès enfin à l'étuve (3), suspensura ayant la même largeur que la salle tiède (4).

L'étuve (ou *laconicum*) a perdu son plancher en grands carreaux de terre cuite, mais les autres hypocaustes les ont encore. Le caldarium, l'alveus et le laconicum étaient chauffés par des conduits verticaux qu'on ne trouve pas, comme cela s'explique, dans le tepidarium. L'étuve avait deux fourneaux installés sur son côté occidental. A la suite de la pièce contenant ces fours, un réservoir (5) muni de contreforts de section demi-circulaire, fournissait l'eau à l'établissement. Il était encadré, ainsi que la chambre de chauffe, par un couloir (2 mètres de largeur) au nord et à l'ouest; et par une galerie (3 mètres de largeur) au sud-ouest.

Nous pensons que ces bains étaient publics et nous les classons comme tels; toutefois nous devons avouer que ce qui nous gêne quelque peu pour soutenir entièrement cette opinion, c'est que des constructions particulières sont disposées au nord et à l'est de nos *balineæ*. Il est vrai qu'il y a lieu

---

(1) Longueur, 3 m. 30; largeur, 2 m. 75.
(2) Second hypocauste mitoyen avec la grande salle. Longueur, 3 m. 10 sur 2 m. 40.
(3) Longueur, 3 m. 10; largeur, 2 m. 70.
(4) Dont la longueur est 2 m. 95.
(5) Long de 5 m. 70; large de 2 m. 60.

de tenir compte des remaniements, des reconstructions même
qui se sont produits obligatoirement pendant les périodes
troublées de l'existence de Thamugadi; que les bains ont pu,
dans le principe, être isolés, puis flanqués d'édifices construits soit par des particuliers, soit par une Société comme
celle des Filadelfes. Si les bains que nous décrivons ont été
annexés à une maison, il faut avouer qu'ils couvraient une

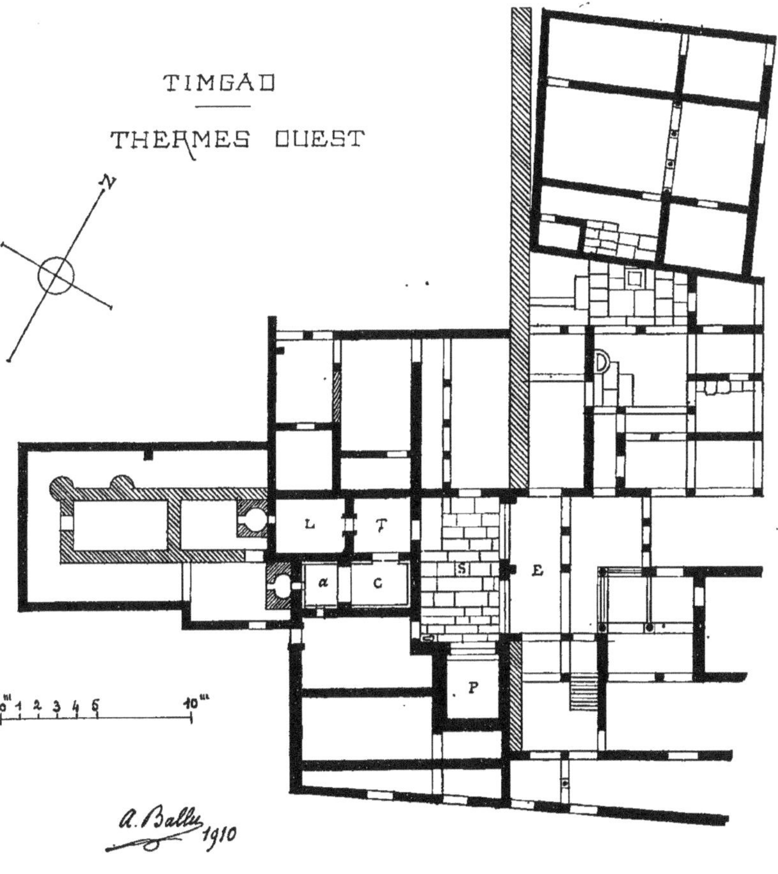

surface bien plus grande (1) que ceux dont nous avons tant d'exemples dans nombre d'immeubles de la ville de Trajan; d'autre part, il faut observer que ce n'est pas une maison, mais bien deux qui paraissent avoir été jointes à nos thermes. En effet nous voyons dans la partie sise à l'est un petit atrium à quatre colonnes, dont deux ont encore leur intervalle fermé par une clôture en pierre; autour de l'atrium rayonnaient plusieurs pièces dont six sont visibles, les autres ayant été entièrement détruites.

Dans la partie nord, un nombre égal de chambres sont disposées, mais il n'y a pas d'atrium. De plus, dans l'angle nord-est on aperçoit, contigu aux deux autres, un immeuble contenant une cour centrale (2), entourée par une dizaine de salles de diverses grandeurs. Ces constructions sont elles-mêmes mitoyennes, du côté nord, avec un bâtiment dans lequel étaient aménagés cinq divisions et un atrium contenant un bassin.

En résumé, les bains de l'ouest sont joints:

1° Côté est, à des ruines ressemblant à celles d'une maison;

2° Au nord, à des pièces pouvant être des boutiques ou des salles de réunion et de conversation que nous ne comptons pas comme faisant partie des thermes, mais qui peuvent bien y avoir été affectées;

3° Dans l'angle nord-est, à deux maisons juxtaposées.

Il ne nous paraît guère possible de tirer de ces dispositions d'autres conclusions que celles énoncées ci-dessus.

§ VI

THERMES NORD-OUEST

La voie perpendiculaire au Decumanus qui borne vers l'est l'entrepôt (3), l'isole également de deux pâtés de constructions que sépare une rue parallèle à la grande voie ayant conservé, au-dessus de l'égout qui la traverse dans sa longueur, tout son dallage de grès.

(1) 300 mètres superficiels environ.
(2) Avec un bassin en forme de demi-cercle.
(3) Voir page 49.

L'îlot nord est celui dans lequel se trouve la nécropole
chrétienne décrite au § II du chapitre IV de cet ouvrage. L'îlot
sud, qui nous occupe, constitue encore un établissement de
bains publics. Il mesure 36 mètres de l'est à l'ouest, et 32 mètres 60 du nord au sud.

Son plan, surtout dans les parties accessoires, est moins
complet que la plupart des autres thermes, car nous y avons
constaté des remaniements et des bâtisses superposées, mais
il est aisé, par une étude approfondie, de dégager l'économie
générale de ses dispositions qui sont particulières.

Un portique (1) soutenu par douze piliers, s'étendait sur
la rue parallèle à la voie triomphale. Des pièces doubles en
profondeur pour la plupart (2), étaient installées au sud dudit
portique et paraissent avoir servi de magasins.

L'entrée des bains, tout à fait indépendante des boutiques, avait lieu dans l'angle nord-est de l'îlot. La porte, large
de 1 m. 30, donnait accès à un long couloir (3), dallé en briques posées sur champ (4), dont l'extrémité sud s'ouvrait sur
une grande salle (5) dallée en belles mosaïques ornementales
intactes. Cette salle était munie, sur son flanc occidental,
d'une piscine demi-circulaire (6) dont les enduits verticaux
ont encore des peintures, ainsi que d'une petite exèdre (7)
juxtaposée à la piscine et pavée en mosaïque représentant une
figure de femme assise (8).

Tout près de la piscine, une porte permettait de pénétrer
dans l'apodyterium; à côté de l'exèdre, une autre porte conduisait à un dégagement. De là on entrait dans une salle
(*tepidarium*) (9) voisine d'une pièce de même nature (10), mais
plus petite, laquelle communiquait directement avec la salle
des pas perdus, par une entrée percée dans le mur nord de

(1) Largeur, 3 mètres.
(2) Il y en a trois occupant toute la profondeur, soit 9 mètres; 5 sur le
devant (celle de l'angle nord-est contient un banc en pierre), et 5 en arrière.
(3) 20 mètres.
(4) Largeur, 1 m. 30.
(5) 5 m. 20 sur 13 mètres.
(6) Largeur, 2 m. 08; profondeur, 3 m. 10.
(7) Largeur, 1 m. 62; profondeur, 1 m. 21.
(8) Voir plus loin.
(9) 3 m. 40 sur 5 m. 53.
(10) 2 m. 60 sur 4 m. 55. Au nord de cette pièce tiède, il y a un puits
de 3 mètres de profondeur.

cette dernière, à côté de celle qui la séparait du couloir-vestibule.

Du grand tepidarium on passait dans une chambre où étaient installés deux fourneaux, dont un très important; puis dans deux dégagements successifs, au bout desquels on arrivait à une petite pièce chaude demi-circulaire (1) dont les parois étaient garnies de tuyaux de chaleur.

Ce premier caldarium était suivi (2) d'un autre (4 m. 10 sur 2 m. 30) rectangulaire, dont la température était élevée (3) au moyen du plus grand des deux fourneaux. On accédait ainsi graduellement, par une porte ménagée dans la face ouest, au laconicum, de forme octogonale et aux murs épais dans le but de permettre à la chaleur de se concentrer. Suivant l'usage, mais avec plus de soin que partout ailleurs, cette étuve se trouvait environnée, sur toutes ses faces, de pièces très chauffées: celle dont nous venons de parler, à l'est; une seconde demi-circulaire (4), au nord, qui communiquait elle-même par une baie ouverte sur son flanc oriental avec un hypocauste (5) contenant un alveus en forme d'hémicycle chauffé (toujours côté est) par le second des fourneaux déjà mentionné; une troisième très allongée (6) à l'ouest, également avec bassin d'eau chaude de même forme; enfin, au sud, une quatrième de petites dimensions contenant le même genre d'alveus.

En sortant de l'étuve, comme d'ailleurs en y entrant, il fallait donc traverser les caldaria; ensuite, par une antichambre commune aux deux salles chaudes adjacentes aux côtés sud et ouest du laconicum, on retrouvait une pièce froide (7) avec une petite piscine demi-circulaire disposée au midi ou, si l'on préférait, on avait à sa disposition, sur le côté ouest de la pièce, un deuxième bassin plus grand dans lequel on pouvait se plonger pour se conformer aux usages antiques qui, on le sait, voulaient que les baigneurs commençassent et

(1) 2 m. 80 sur 2 m. 60.
(2) Sur son côté nord.
(3) Sur le flanc est.
(4) Largeur, 3 m. 25; profondeur, 2 m. 60. C'était peut-être un alveus.
(5) Largeur, 2 m. 20; longueur 3 m. 40. Cette pièce est située immédiatement au nord du deuxième caldarium et mitoyenne avec lui.
(6) 6 m. 20 sur 3 mètres.
(7) Longueur, 6 m. 60 sur 3 m. 65 de largeur. La longueur de cette salle est dans la direction du nord au sud, comme la piscine froide qui lui est juxtaposée à l'ouest.

finissent leurs bains par des immersions froides après avoir passé par des degrés différents de chaleur.

En sortant, soit du frigidarium au petit bassin, soit de la grande piscine (qui, elle aussi, était terminée du côté sud en demi-cercle), on avait devant soi, au nord, une seconde grande salle d'exercices, placée par conséquent à l'extrémité opposée à la première où l'on arrivait tout d'abord; de plus, elle se trouvait en bordure sur la rue, perpendiculaire au Decumanus Maximus, qui éclairait les salles annexes de l'entrepôt.

La nouvelle grande salle (1) a son sol en béton, mais, ainsi qu'en témoigne son extrémité nord, il devait être en mosaïque dont on retrouve les restes à un niveau inférieur. A la hauteur du milieu de la salle, la rue, sur laquelle débouche à cet endroit la porte de la galerie haute de l'entrepôt, va en se rétrécissant, prenant en écharpe ses pièces secondaires jusqu'à n'avoir plus que 1 m. 60 de large au droit du portique précédant les boutiques nord des thermes. A une certaine époque, la voie fut même coupée à cet endroit par un prolongement du portique.

Au nord de l'établissement, existait le couloir de la chaufferie par lequel se faisait le service des fourneaux (les deux cités plus haut exceptés), et la porte menant à ce couloir se trouvait sur le flanc occidental de la galerie d'entrée des bains qui, conséquemment, servait tout aussi bien au public qu'aux esclaves chargés de l'entretien des thermes.

Au sud du monument, au contraire, on avait installé le régime des eaux froides, entre les piscines de l'angle sud-ouest et le bassin de la première salle des pas perdus. Un grand réservoir (2), soutenu par des piles intermédiaires, était adossé à la petite piscine du frigidarium; puis, tout à côté, séparé par un mur de 1 mètre d'épaisseur bâti sur le côté est du réservoir, un bassin (3) avait été établi avec une longueur de 6 mètres et une largeur de 4 m. 12; à ses angles nord-est et nord-ouest, quatre marches en quart de cercle permettaient d'atteindre le fond.

Cette *natatio* paraît avoir été placée en plein air et utilisable seulement en été; ou bien alors les salles ou vestibules

(1) Longue de 11 mètres sur 7 m. 50 de large.
(2) 9 mètres de large sur 4 m. 70 de long.
(3) Le mur nord de ce bassin a 1 m. 20 d'épaisseur.

qui devaient y mener, si cette piscine était couverte par un toit, ont disparu sans laisser de traces sur le sol.

Tel est ce curieux établissement de bains, conçu dans un sens pratique très accentué et aménagé de façon qu'on ne fût pas obligé de passer deux fois dans les mêmes salles comme cela avait lieu pour tous les autres thermes déjà fouillés à Timgad.

Il est vrai que la distribution des pièces telle que nous l'ont donnée les fouilles n'est pas rigoureusement celle qui a toujours existé; les différents niveaux de sols trouvés, les parties de murailles plus ou moins homogènes en sont des preuves certaines, et il se pourrait fort bien aussi que, pendant une certaine période, les bains aient été doubles, c'est-à-dire en partie affectés aux hommes, en partie aux femmes. La grande quantité de pièces chaudes, que sépare un mur se dirigeant en droite ligne du nord au sud et percé seulement de deux portes qu'on pouvait fort bien fermer à un moment donné, d'une part; la double présence de bains froids à chaque extrémité de l'établissement avec entrée spéciale, d'autre part, rendent cette supposition parfaitement possible.

Il ne faut pas voir, en tout cas, dans cet édifice, une sorte de lieu de réunion ou de cercle comme dans la plupart des constructions balnéaires thamugadiennes (notamment les grands thermes nord); ce sont là de vrais bains, pourvus d'un outillage thermal raffiné, où les préoccupations purement hygiéniques se révèlent, en dehors de tout souci de distractions et de passe-temps.

Ces bains ne sont pas non plus, comme les autres thermes, construits en briques. Les murs sont en moellons et en pierre. Mais, comme dans les monuments similaires, toutes les salles chaudes étaient garnies de murs épais et voûtés, tandis que les salles des pas perdus, aux murs minces et incapables conséquemment de résister aux poussées des voûtes, étaient couvertes par des charpentes et par des toits en tuiles.

Outre la belle mosaïque d'ornement qui servait de dallage à la grande salle des exercices voisine de l'entrée, nous en avons trouvé trois de petites dimensions, mais intéressantes.

La première servait de pavement à l'exèdre dont nous avons parlé. Elle se compose d'un carré à fond blanc entouré d'ornements formés de cercles qui, en s'entre-croisant, don-

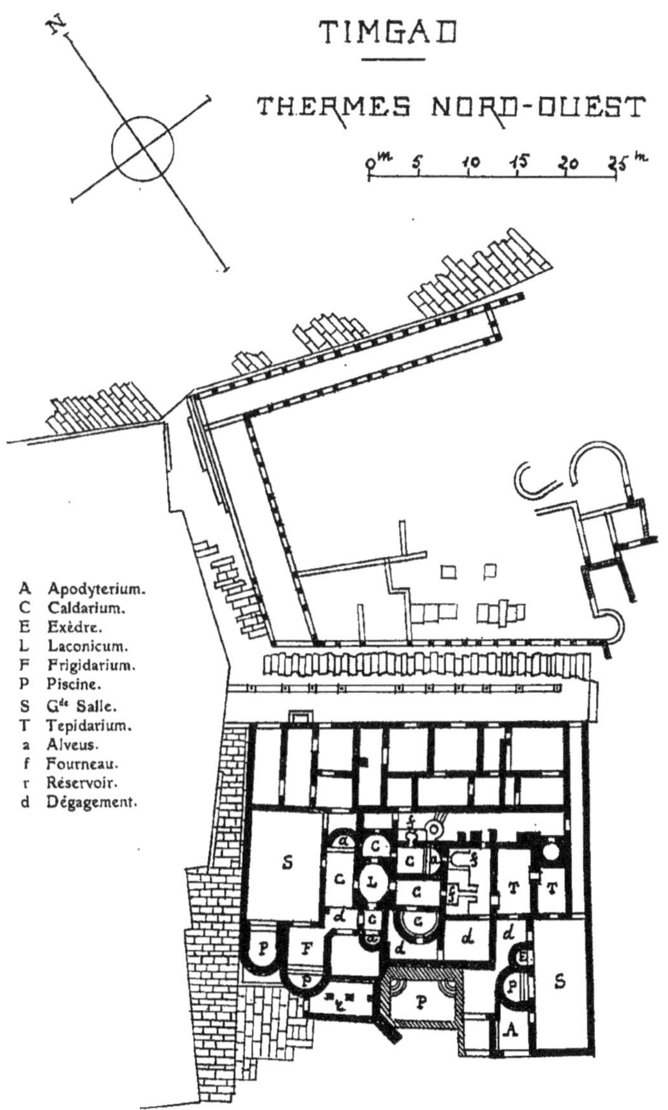
N
TIMGAD
THERMES NORD-OUEST
0ᵐ 5   10   15   20   25ᵐ
A   Apodyterium.
C   Caldarium.
E   Exèdre.
L   Laconicum.
F   Frigidarium.
P   Piscine.
S   Gᵈᵉ Salle.
T   Tepidarium.
a   Alveus.
f   Fourneau.
r   Réservoir.
d   Dégagement.

nent au centre de chacun d'eux un quadrilatère curviligne encadrant un motif en croix. Au milieu du carré se détache une femme nue assise dont la tête est coiffée de bandelettes rouges qui maintiennent des cheveux noirs. Le bras droit coudé, elle appuie la main au-dessous des seins; de la main gauche, elle maintient sur son genou un panier circulaire avec anse relevée. Les jambes sont allongées horizontalement; le modelé est très soigné et d'un bon éclairage. Le pied gauche est caché par la jambe droite.

La deuxième mosaïque, qui nous est apparue d'abord sous une mince couche d'un enduit très dur produit par le séjour de plusieurs siècles sous la terre, semblait ruinée; nous eûmes l'idée de faire passer cet enduit à la pierre ponce, persuadé que nous retrouverions la mosaïque intacte. L'événement a immédiatement justifié nos prévisions et le seuil de la porte, par laquelle communiquent les deux tepidaria, nous a donné un sujet pornographique, le premier rencontré jusqu'ici à Timgad.

C'est un nègre, aux cheveux crépus, à l'œil blanc et au nez épaté, esclave employé aux bains, qui porte sur l'épaule droite une pelle à feu, de forme carrée, sur le plat de laquelle on aperçoit des parties de métal rougies par la flamme. La main droite tient l'extrémité du manche de la pelle dont la position est horizontale.

Sa physionomie exprime la gaieté; il marche, la jambe gauche en avant; le pied droit sensiblement relevé, la pointe en bas. De la main gauche il tient un énorme phallus duquel s'échappe un jet brisé par suite du mouvement de la marche. Cette mosaïque, sur fond blanc, affectant un carré de o m. 80 de côté, est encadrée de noir. La coloration de la figure est accentuée; les formes des bras et des jambes sont d'un dessin très pur.

La troisième mosaïque, seuil de la baie du tepidarium qui s'ouvre sur la salle des pas perdus, est exclusivement ornementale. Elle représente, toujours sur un fond blanc, un motif de feuilles en croix avec, aux quatre angles, cette sorte d'égide qu'on trouve si souvent dans la décoration romaine d'Afrique.

§ VII

THERMES DITS DU MARCHÉ DE SERTIUS

Ces bains sont contigus au *Forum Vestiarium* et à la cour longeant le côté occidental du marché de Sertius. Leur limite nord est à 14 mètres environ du portique à sept entre-colonnements qui va de l'angle nord-ouest du marché aux vêtements à la rue presque parallèle à la voie du Capitole qui relie le Decumanus Maximus ouest au temple de Jupiter. Cette rue, dont le tracé est sensiblement courbe, arrêtait l'extension du monument à l'ouest; enfin, au sud, il y avait un mur continu mitoyen avec des habitations non encore déblayées. La largeur moyenne du bâtiment est de 34 mètres et sa longueur (du nord au sud), de 40 mètres.

L'entrée était à l'est, par deux portes, aux seuils en mosaïques de briques, ouvertes sur la cour séparant l'établissement du Macellum. On accédait directement, et sans vestibule, à la grande salle des pas perdus (1), de laquelle on parvenait à deux vastes piscines d'eau froide. L'une, à l'angle sud-est de la salle, a presque totalement disparu; ses gradins sont encore visibles dans la cour sur laquelle elle empiétait. L'autre piscine, avec ses trois degrés, occupe le milieu du côté nord de la salle et deux larges corridors qui la flanquent conduisaient à des latrines ayant encore leur égout de pourtour.

Au côté méridional de la salle, on voit une pièce avec réservoir et une chambre coquettement dallée en briques posées de champ, qui devait servir de vestiaire.

Enfin, les services des bains chauds étaient disposés à l'ouest de la grande salle qui donnait accès direct à deux des cinq hypocaustes de l'établissement: un tepidarium et un caldarium possédant un alveus sur son côté sud; à l'ouest de ces deux chambres chaudes était l'étuve précédée au nord par un couloir pour le service du fornax; puis, sur le flanc occidental

(1) 8 m. 80 sur 12 m. 90.

de ce laconicum se trouvait le plus grand des caldaria (1) avec deux larges alvei, occupant les extrémités nord et sud de la pièce, et un troisième disposé le long de son côté ouest. D'autres annexes continuaient certainement à faire partie de ces chambres chaudes et s'étendaient jusqu'à la rue montant au Capitole; mais leurs dispositions ont été modifiées et nous n'apercevons plus de ce côté que de mauvais murs.

L'alimentation des fourneaux se faisait par un passage de service disposé au nord et s'éclairant sur une cour (2) ouverte sur la rue et placée à l'ouest des thermes.

Le long du mur septentrional de la cour et des latrines, limite de l'établissement, on aperçoit un égout entièrement conservé avec tout le dallage sur lequel il repose.

Reste le cinquième hypocauste, séparé des autres par une galerie communiquant, au moyen d'une porte placée de biais, à une chambre située à l'ouest de la salle contenant le bassin-réservoir qu'on voit au sud de la salle des pas perdus. Cet hypocauste, aux murs minces (o m. 6o seulement), a conservé en partie son plancher porté sur piles en briques et pavé d'une très jolie mosaïque composée de rosaces multicolores; la portion du dallage qui a disparu avec la suspensura correspondait probablement à un alveus ou bassin chaud.

Sur le flanc ouest de la salle on en voit une autre de même longueur mais plus large, dont le sol est en béton avec semis de mosaïques très espacées. Le côté sud de cette seconde pièce s'ouvrait par trois entrecolonnements dans un vaste atrium entouré de portiques sur trois côtés (sauf au midi), et contenant un bassin dallé en pierre de 6 mètres de long sur 3 m. 30 de largeur.

A l'est de l'atrium, salle de 10 m. 10 sur 8 m. 6o dont le sol a disparu, et dont le côté oriental était percé d'une porte menant à un couloir desservant une deuxième salle de latrines (3) occupant l'angle sud-est du bâtiment.

On accédait aussi au couloir par une entrée disposée tout près du bassin-réservoir.

A l'ouest de l'atrium, boutique (4) donnant sur la rue; sur le côté occidental de la chambre au sol recouvert de béton

(1) 4 m. 5o sur 9 m. 20.
(2) 15 mètres sur 14 mètres.
(3) Longueur, 8 m. 65; largeur, 3 m. 22.
(4) 4 m. 10 de large sur 8 m. 65 de long.

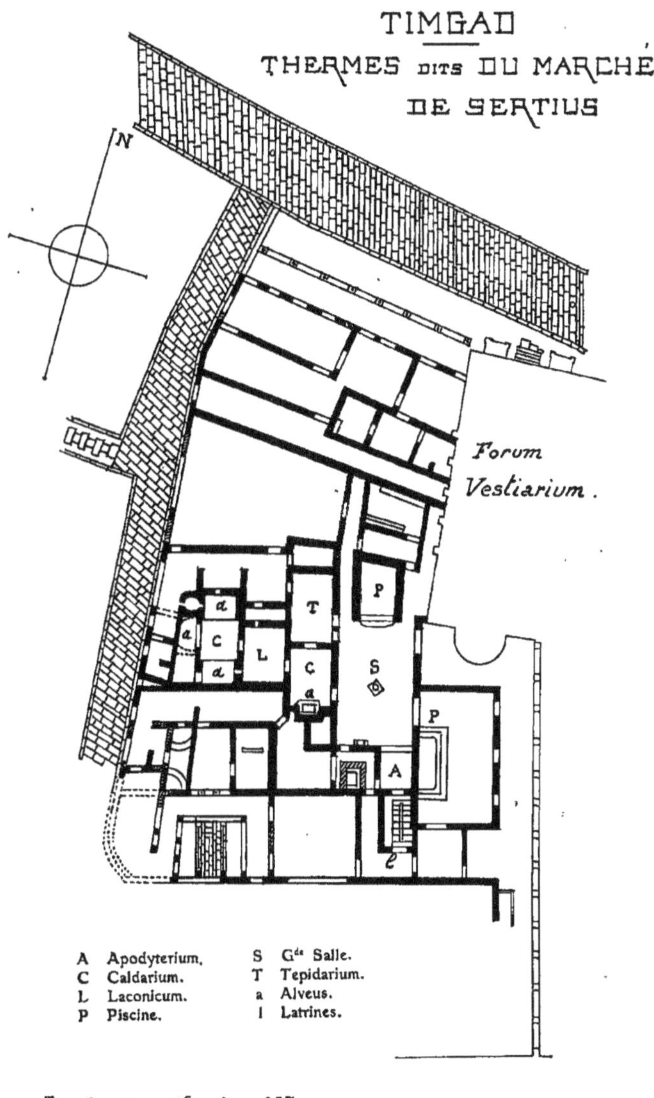

TIMGAD
THERMES DITS DU MARCHÉ
DE SERTIUS
N
Forum
Vestiarium.
d
a
C
a
d
L
T
C
a
P
S
P
A
l
A   Apodyterium.
C   Caldarium.
L   Laconicum.
P   Piscine.
S   Gde Salle.
T   Tepidarium.
a   Alveus.
l   Latrines.
0m   5   10   15   20   25m
A. Ballu 1910

et de semis de mosaïques, galerie (1) le long de laquelle venaient se ranger d'autres boutiques ouvertes également sur la rue; on en compte trois; une quatrième était située au nord de la galerie, en prolongement du couloir longeant les côtés sud de l'étuve et du grand caldarium.

Nous n'avons pas parlé, au cours de cette description, d'un petit espace voûté de 2 m. 20 sur 2 m. 05, ménagé à l'angle sud-ouest de la salle des pas perdus, en même temps qu'au sud du premier caldarium donnant sur ladite salle. Nous pensons que la voûte qui couvrait cette petite surface, dont les quatre murs sont sans ouverture et qu'une conduite en briques reliait au bassin-réservoir, portait un récipient destiné à contenir de l'eau chaude, et ce qui nous confirme dans cette opinion, c'est sa proximité ou plutôt sa juxtaposition avec l'alveus du caldarium.

En résumé, ces thermes sont intéressants; ils sont largement pourvus de tous les services habituels à ces genres d'établissements et, si nous y observons certaines particularités, ils sont toutefois conçus dans le même ordre d'idées que les autres bains publics de Timgad.

(1) 3 m. 10 de large, en prolongation du portique ouest de l'atrium.

CHAPITRE VII

BASILIQUES CHRÉTIENNES

Nous ne reparlerons pas, bien entendu, du monastère de l'ouest et des églises qu'il contient. Nous dirons quelques mots des deux petites basiliques chrétiennes, déjà mentionnées (1), qui sont englobées dans les ruines du faubourg nord-est.

La première, située près de la route conduisant jadis à Cirta, avait une abside hémisphérique. Sa longueur était de 12 m. 55 et sa largeur de 6 m. 85 y compris les murs de o m. 50 d'épaisseur construits avec des matériaux de réemploi. Deux colonnes de marbre portaient les trois travées séparant le chœur de la nef. La porte de l'église était percée dans le mur de façade orienté à l'est, alors que cette exposition est généralement réservée à l'abside.

A l'angle nord-est de la nef, un escalier dont il reste cinq marches permettait d'accéder à un étage supérieur. Du chœur on pénétrait dans une petite sacristie, communiquant avec une seconde plus grande, dallée en pierre. Ces deux salles sont situées sur le flanc nord de la basilique; du côté sud, une autre pièce de mêmes dimensions que la seconde est symétriquement disposée. Puis, toujours en allant vers le sud, on voit une série de salles, de dimensions différentes, les unes avec un dallage en pierre, les autres avec la terre nue. Nous en avons mis au jour quatre en deçà du rempart et huit en dehors, non compris la basilique (2).

(1) Chapitre Ier, § 1.
(2) Voir chapitre Ier.

Nous avons trouvé, dans ces fouilles, des colonnes, des inscriptions, des chapiteaux dont un du plus pur style byzantin et exactement semblable à celui qui a été exhumé près de la bibliothèque.

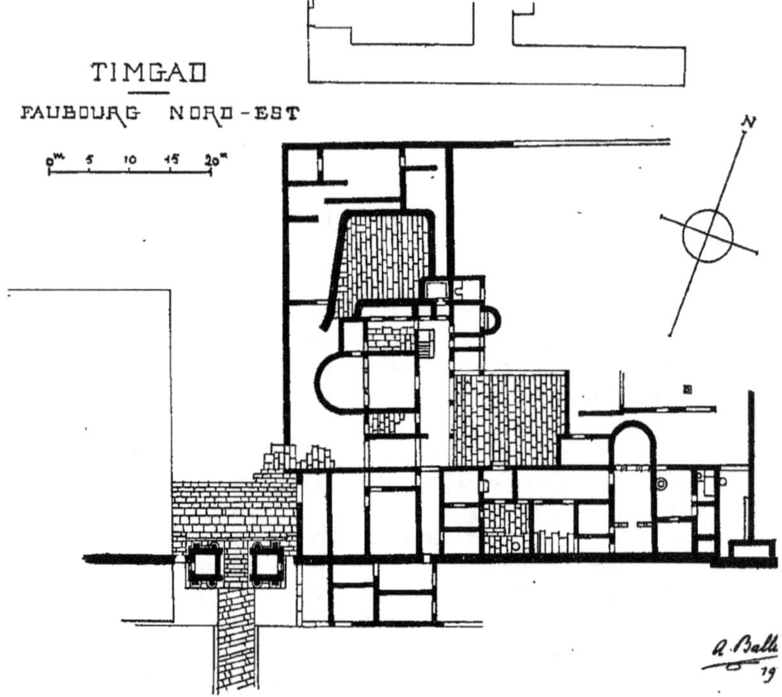

La seconde, disposée perpendiculairement au rempart nord (ce dernier lui servant de façade principale), était distante de la précédente de 22 mètres environ. Son orientation était différente; au lieu d'avoir, comme elle, l'abside tournée vers l'occident, elle l'avait en plein nord. Cette abside était aussi hémisphérique et le chœur était également séparé de la nef par trois entrecolonnements.

La longueur du chœur était de 4 m. 80; sa largeur, de 4 m. 60. La nef avait 10 m. 10 de long et 4 m. 60 de large. Une ligne de quatre auges en pierre (1), installées par les Byzan-

---

(1) Il est entendu que ces auges ont été placées lorsque l'église a été désaffectée.

tins, coupait la nef en deux parties inégales: l'une, longue de
6 m. 40; l'autre, de 3 m. 20.

Sur le flanc droit de la basilique (c'est-à-dire à l'est), un
mur plein la sépare d'une série de six salles qui toutes ren-
ferment des bassins, des citernes ou des amphores. Sur la
gauche, à l'ouest, on compte une dépendance de l'église (1),
un couloir (2), un vestibule s'ouvrant au nord sur une vaste
cour dallée (3) et six pièces de dimensions diverses groupées
de chaque côté d'une cour également dallée, dans laquelle se
trouve un puits.

BASILIQUE EST, HORS LES MURS

Avec les neuf basiliques déjà décrites dans notre premier
volume sur Timgad, la chapelle d'une maison du quartier
nord-est (voir page 80), la cathédrale du monastère de
l'ouest, et les deux précédentes, nous arrivons jusqu'ici à
treize, dont quatre avec baptistères (4). Une quatorzième a
été déblayée en 1903 à 460 mètres environ du mur est de l'enceinte de Trajan, sur la ligne des portes nord de la cité.

Elle était à trois nefs; son abside (5), de forme demi-circulaire, était, sur les côtés, distante de 3 m. 15 du rectangle
constituant le périmètre de l'édifice; à son extrémité, elle était
tangeante à ce périmètre qui mesurait 27 m. 40 de l'est à
l'ouest et 15 mètres de largeur (du nord au sud).

La nef avait 20 m. 20 de long et 7 m. 30 de large. Les
bas-côtés, soutenus chacun par cinq colonnes d'ordre corinthien, avaient 3 m. 15 de largeur. Le chœur était profond de
5 m. 50. En avant se trouvait l'autel, au-dessus de la tombe
du martyr; de chaque côté du chœur, une pièce annexe dallée
en mosaïque. L'édifice était construit en bons matériaux; les
colonnes en beau calcaire blanc sont cannelées avec rudentures et prises dans un seul morceau de pierre; les chapiteaux

(1) 6 m. 25 sur 3 m. 40.
(2) Long de 11 m. 40.
(3) De 14 mètres de largeur sur 11 mètres de long. De cette cour on avait
accès à la première basilique.
(4) Nous ne comptons pas dans cette énumération les deux oratoires du
monastère.
(5) Orientée à l'est.

sont sculptés avec art. Le diamètre des colonnes étant de
o m. 52, celles-ci avaient 5 m. 20 de hauteur, depuis le dé de la
base jusqu'au-dessus du chapiteau. L'entrée avait lieu par
une large porte sur la face principale ouest.

TIMGAD

BASILIQUE EST HORS-LES-MURS

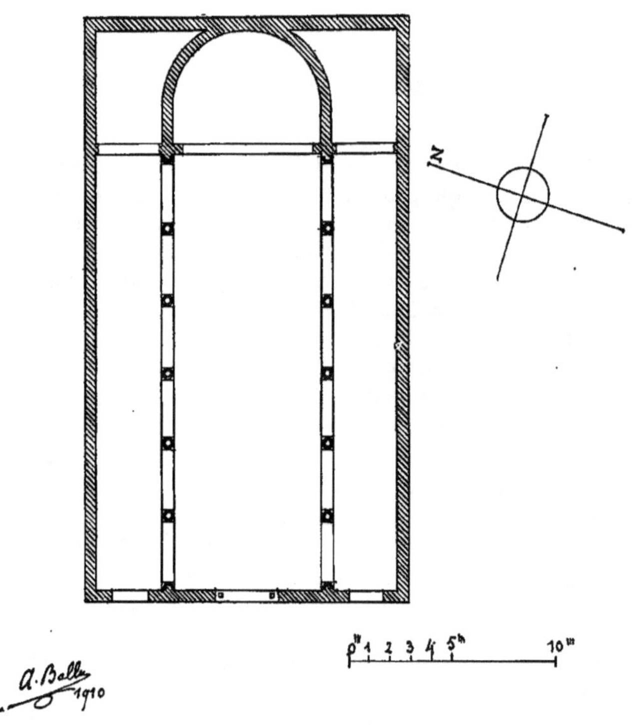

Nous ne comptons pas parmi les églises chrétiennes une
salle établie derrière le marché de l'est, à 25 mètres au sud de
distance du Decumanus Maximus (1), sur la voie montante

(1) Elle a été bâtie sur l'emplacement de la première voie parallèle au
Decumanus dans le quartier sud-est de la cité. Cette voie se trouvait donc
obstruée à cet endroit.

qui limite à l'est cet établissement. Nous pensons que cette salle servait d'oratoire comme semble l'indiquer son extrémité orientale qui est en forme d'hémicycle (1). Simple chapelle sans bas-côtés, elle avait 4 m. 60 de largeur et 8 m. 60 de long non compris le chœur.

BASILIQUE DE GRÉGOIRE

Nous avons voulu nous éclairer sur une question qui avait été soulevée par quelques savants et qui était relative à la présence d'un cloître sur la droite de la chapelle du patrice Grégoire, sise, comme on le sait, à 650 mètres environ au sud du Capitole (2).

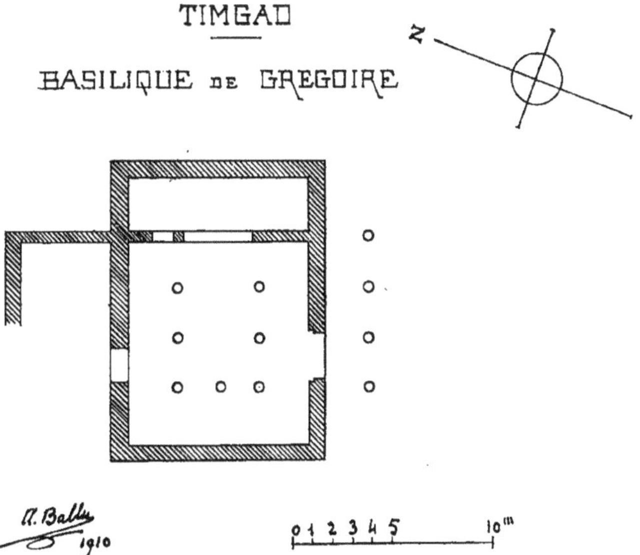

Une colonnade, ou plutôt quatre colonnes, avaient été signalées le long du mur latéral sud de la petite basilique; de

(1) Largeur, 4 m. 70 ; profondeur, 3 m. 75.
(2) Voir Gsell, *Les Monuments antiques de l'Algérie*, tome II, page 314. A. BALLU, *Les Ruines de Timgad*, page 234.

plus, un angle du mur reconnu dans l'angle sud-est pouvait
avoir appartenu à la clôture d'une cour entourée de portiques,
qui aurait ainsi démontré l'existence d'un petit monastère.
Des fouilles pratiquées avec soin (1) n'ont donné aucun résultat probant. Les quatre colonnes du front sud paraissent
avoir servi de porche destiné à abriter la porte d'entrée qui se
trouve de ce côté; c'est au contraire sur le flanc nord qu'un
reste de mur a été trouvé: c'était probablement la sacristie de
l'église.

BAPTISTÈRE DE LA BASILIQUE DU QUARTIER NORD-OUEST

Nous avons parlé dans les « Nouvelles Découvertes de
Timgad » (2) du baptistère attenant à la basilique construite,
dans le quartier nord-ouest de la cité, en partie sur une voie
parallèle au Cardo et en partie sur la maison de Januarius.
En 1908 nous entreprîmes la consolidation et la restauration
de ce baptistère. Nous avons rétabli les colonnes qui soutenaient l'atrium au milieu duquel avait été installée la cuve
baptismale, laquelle était aussi garnie de quatre colonnes,
dont les morceaux ont été replacés en grande partie. Nous
donnons une vue photographique de cette restauration.

BASILIQUE-CATHÉDRALE DU NORD

Le fait de la découverte, dans la partie occidentale de
Thamugadi, d'un grand monastère annexé à une église cathédrale, nous a donné à penser que la première vaste basilique trouvée en 1895 (3) pouvait, elle aussi, être englobée
dans un couvent de moines.

En effet, s'il est certain que Thamugadi eut deux cathédrales: l'une orthodoxe, l'autre donatiste, et que cette dualité
exista tout au moins jusqu'en 420, date après laquelle le
schisme n'est plus mentionné dans la ville de Trajan; s'il
n'est pas moins avéré d'autre part que les Donatistes n'eurent
jamais de monastères; il est en tout cas bien évident que,

(1) En 1907.
(2) Page 30.
(3) Et décrite dans l'ouvrage *Les Ruines de Timgad,* page 232.

VUE DU BAPTISTÈRE DE LA BASILIQUE DU QUARTIER NORD-OUEST

dans la seconde moitié du v° siècle, toutes les églises de la ville appartenaient aux catholiques qui ont transformé celles jadis possédées par leurs rivaux et, par conséquent, ont pu les entourer de bâtiments monastiques.

C'est donc là le problème que nous avons cherché à résoudre. Nous devons avouer que, jusqu'ici, il ne nous apparaît pas d'une façon certaine que la basilique-cathédrale du nord de la ville ait été entourée d'un couvent comme celle de l'ouest; mais nous avons trouvé des constructions fort intéressantes dont nous allons essayer de rendre compte.

L'église était orientée à l'est. Sur une étendue de trente-six mètres environ, un portique précédait, au couchant, un ensemble de bâtiments accompagnant le vestibule d'entrée, long couloir (1) sur le côté droit duquel on aperçoit tout d'abord les restes d'un petit corridor joint à une pièce de service; puis une salle de baptistère (2) dont le centre était occupé par une cuve ronde à deux degrés (3) recouverte d'un enduit et encadrée par un espace que limitaient quatre colonnes espacées de trois mètres. C'était une sorte d'atrium dont le sol se trouvait à o m. 70 au-dessus de celui du vestibule. A l'extrémité de ce dernier, on pénétrait par une porte précédée de six marches (4) dans l'intérieur de la cathédrale. Du baptistère, qui est le cinquième découvert à Timgad, une autre porte permettait également d'y accéder, mais la hauteur à franchir était moindre (o m. 34 au lieu de 1 mètre) et deux marches y suffisaient.

A gauche du vestibule se rangent trois pièces (5) séparées de celui-ci par un mur plein. On pénétrait par des ouvertures ménagées du côté nord et commandées par deux vastes salles qui occupaient l'angle nord-est des bâtiments abrités par le portique dont nous avons parlé.

Chacune de ces salles était divisée en deux fractions. La salle disposée (6) près du portique comprenait une sorte d'antichambre, ouverte sur les quatre côtés, et une division ayant son entrée, sur l'extérieur, au nord. L'autre salle, bien plus

(1) 11 m. 6o de long sur 4 m. 40 de large; ce vestibule étant dans l'axe de l'église.
(2) 8 m. 45 de long sur 7 mètres de large.
(3) Diamètre, 1 m. 10.
(4) Le sol de la cathédrale est à 1 mètre au-dessus de celui du vestibule.
(5) Largeur, 5 m. 5o.
(6) 10 m. 3o de large sur 2 m. 70.

grande (1), avait deux portes du même côté et était inéga-
lement divisée par trois entrecolonnements alignés dans le
sens de l'est à l'ouest. Puis, tout le long de la façade latérale
de la basilique (2), suivaient une série de pièces plus ou
moins importantes, dont les murs intérieurs ont en grande
partie disparu. Cette partie de la construction a cependant
gardé très nettement les substructions du mur qui la limitait au nord et qui, placé légèrement de biais par rapport
à la façade latérale de l'église, allait toujours s'écartant de
celle-ci (3) jusqu'à l'alignement de l'arc triomphal du
chœur.

Un bassin, dont une partie avait été déblayée il y a plusieurs années, a été complètement dégagé (4). Il est distant,
de 2 m. 80, du mur nord des bâtiments annexes de la cathédrale, est construit en briques avec une épaisseur de murs de
0 m. 80 et possède un revêtement intérieur fait de briques
pilées et de ciment.

Si nous revenons à l'entrée faisant communiquer le vestibule avec la basilique, nous mentionnerons la présence, de
chaque côté de la porte (côté église), de deux dés parallélipi-
pédiques très joliment ornés de sculptures (5) représentant un
grand losange dans une moulure d'encadrement et renfermant lui-même un médaillon circulaire. Les angles de raccor-
dement du losange avec le médaillon et ceux du losange avec
la moulure rectangulaire sont occupés par des décorations en
feuillages d'un caractère bien spécial à l'art africain.

Dans celle des trois pièces, sises à la gauche du vestibule
d'entrée, qui donnait sur la cathédrale, on voit une porte
précédée de deux marches, à l'intérieur de l'église et à une
certaine hauteur au-dessus du sol de la pièce. Ces marches
étaient vraisemblablement l'amorce d'un escalier qui faisait
communiquer la basilique avec un premier étage placé au-
dessus des pièces avoisinant le vestibule.

(1) 10 m. 80 de large sur 8 m. 50.

(2) C'est-à-dire sur 30 m. 65 de long.

(3) La largeur initiale de 10 m. 30 devient, à l'extrémité des bâtiments :
12 m. 85.

(4) Dimensions intérieures : 10 m. 35 de long sur 6 mètres de large.
Profondeur actuelle, 1 m. 60. La longueur de ce bassin était parallèle au
mur latéral de la cathédrale.

(5) Hauteur des dés, 0 m. 80 ; largeur et épaisseur, 0 m. 40.

Nous avons décrit les constructions disposées à l'ouest
et au nord de la cathédrale; il nous reste à parler de celles des
deux autres côtés. Voyons d'abord la partie sud:

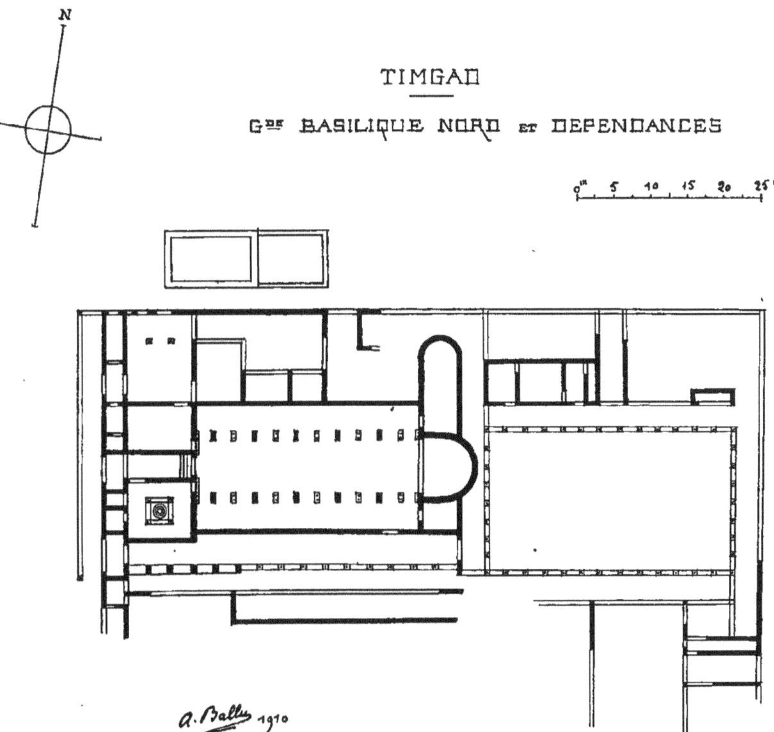

Le portique d'entrée, dans sa fraction droite (sud), s'ouvrait, à l'alignement de la porte du vestibule central, sur une
manière de porche percé au fond d'une large baie (1) qui
donnait accès à une cour très étroite mais aussi longue que
l'église ajoutée au baptistère. A l'extrémité est de la cour, il
y avait une deuxième porte (2). Le côté sud de cet espace était
bordé d'une galerie (3) soutenue par une rangée de cinq

(1) 2 m. 70.
(2) Largeur, 2 m. 20.
(3) Largeur, 2 m. 20 en avant et 2 m. 50 plus loin. La cour avait 3 m. 70
de large. Les piliers avaient une épaisseur de 0 m. 90 sur 0 m. 50 de largeur, tandis que le bas des colonnes n'avait que 0 m. 60 de côté. Ces colonnes étaient espacées de 2 m. 45.

piliers de section rectangulaire se continuant (dans la direction de l'est) par une série de colonnes au nombre de neuf. Il y avait en totalité quinze travées. Le mur de fond de la galerie était percé d'ouvertures par lesquelles on pénétrait dans un corps de bâtiment de trois mètres d'épaisseur. Les séparations en ont disparu.

Passons maintenant aux constructions déblayées à l'est de la basilique. Nous apercevons en premier lieu une grande cour, de 33 mètres de long (dans le sens de l'est à l'ouest) et de 18 mètres de large, entourée de portiques à colonnes sur les quatre côtés. La largeur de ces portiques est de 3 mètres uniformément, mais celui qui côtoie la façade postérieure de l'église est réduit à presque rien au droit de la saillie de l'abside hémisphérique qui terminait le chœur.

Le côté sud de ce cloître comprend des constructions assez mal définies; on distingue cependant les murs de plusieurs chambres.

La partie orientale du portique est actuellement seule apparente, les déblais n'étant pas achevés; mais la galerie septentrionale de la cour est accompagnée, dans la bonne moitié au moins de son parcours, de pièces qui peuvent avoir été réservées à des religieux.

Leur largeur est variable. Celle qui est la plus proche de l'église, dont elle est séparée par un couloir pénétrant dans des bâtiments encore à déblayer, n'a que 3 m. 65 de large sur 5 m. 10 de long. La suivante a 6 mètres de largeur et même profondeur; la troisième est large de 2 m. 35 avec pièce annexe de 1 m. 10. Enfin un corridor (3 m. 15 de largeur) conduit, comme celui mentionné ci-dessus, à des constructions toujours inconnues.

Etait-ce un monastère? C'est ce que, comme il a été dit plus haut, nous ne saurions affirmer. En tout cas, s'il y avait là un couvent, il était bien moins important que le monastère de l'ouest; même remarque à faire pour la cathédrale nord qui a 39 m. 40 de long sur 17 m. 50 de largeur alors que l'autre compte une longueur de 63 mètres avec une largeur de 23 mètres (1).

Comme dans les ruines du monastère de l'ouest, il a été trouvé beaucoup de tombes anépigraphes formées par deux rangs de tuiles.

(1) Voir chapitre III.

ND PHOT.

VUE PERSPECTIVE DE LA BASILIQUE-CATHÉDRALE DU NORD ET DE SES DÉPENDANCES

§ II

INSCRIPTIONS GRAFFITES

On comprendra qu'il nous est impossible de donner ici tous les textes trouvés; d'ailleurs il y en a beaucoup qui n'offrent qu'un intérêt très relatif, et surtout un grand nombre d'épitaphes ne valent pas la peine d'être publiées.

D'autre part, nous avons déjà cité les inscriptions se rapportant aux monuments que nous décrivions. Nous ne pouvons donc mieux faire que de transcrire ci-après quelques textes étrangers aux ruines où ils ont été trouvés, et fournissant certaines indications méritant d'être notées.

Dans un des bassins au sud des grands thermes sud (1904):

> PRO SALVTE
> ET VICTORIA
> IMP. AVRELIOR
> ANTONINI ET VERI
>   AVGVSTORVM
> MVSSIVS FABIANVS D. D.

« *Pro Salute et Victoria Imp(eratorum) Aurelior(um) Antonini et Veri Augustorum, Mussius Fabianus d(edit) d(edicavitque).* »

Hauteur de la pierre (calcaire gris), o m. 41; largeur, o m. 30; hauteur des lettres, o m. 04.

Cette formule « *Imperatores Aurelii* » est à remarquer. C'est un vœu pour la santé et la victoire de Marc-Aurèle et Verus pendant la guerre qu'ils soutenaient contre les Marcomans.

———————

Dans une voie de la cité (1905):

> D N IMP CAE
> S CONSTAN
> TINO INVI
> CTO AVG RES
> P COL THAMV

A notre maire César Constantin, invaincu, Auguste, la république de la colonie de Thamugadi.

———————

Au pied de la forteresse byzantine;

      C FVLVIO CF
      PLAVTIO HOR
      TENSIANO
      C P FILIO C
      FVLVI C FIL
      Q PLAVTIAN
      C V PRAEF EC
      PRAET ET NE
      CESSA DOMI
      NORVM N N N

Ce texte est gravé sur une base honorifique dont la hauteur est de 1 m. 13; la largeur, o m. 50; l'épaisseur, o m. 46. Les lettres mesurent de o m. 07 à o m. 06. Tous les mots sont martelés et ont plus ou moins disparu, sauf:

DOMI   NORVM   N N N

M. Merlin, directeur des antiquité tunisiennes, de passage à Timgad, a relevé, en avril 1905, cette dédicace qui venait d'être mise au jour, l'a reconstituée, et a bien voulu nous en transmettre le texte complété qu'il faut lire ainsi:

C(aio) Fulvio C(aii) f(ilio) Plautio Hortensiano, C(larissimo) p(ruero) filio C(aii) Fulvi, C(aii) f(ilii) Q(uirina tribu), Plautiani, C(larissimi) v(iri) præfec(ti) præt(orii) et necessa(rii) Dominorum n(ostrorum trium).

Traduction:

A Caius Fulvius Plautius Hortensianus, fils de Caius, enfant de la lignée sénatoriale, fils de Caius Fulvius Plautianus, fils de Caius de la tribu Quirina, de sang sénatorial, préfet du prétoire, nécessarius des empereurs (Septime Sévère, Caracalla, Géta).

C'est la première fois qu'on trouve dans le monde romain une inscription à ce jeune fils de Plautius, préfet du prétoire sous Septime Sévère, qui fut mis à mort par l'empereur en 205. Quand le père eut été tué, le fils fut exilé avec sa sœur Plautilla, femme de Caracalla, en Sicile, et mis à mort lui-même quelques années après (1).

------

(1) Cf. Merlin, *Comptes rendus de l'Académie des Inscriptions et Belles-Lettres,* 1905, page 474.

Dans les bâtiments attenant au théâtre, pierre de
o m. 40 de haut; largeur, o m. 50; épaisseur, o m. 19.

Dédicace à la déesse Cérès (1906):

CERERI

AVG. SACR

CLAVDIA POLLA

SACERDOS ARAM

S. P. F·

A Cérès Auguste, Claudia Polla, prêtresse, a fait de son
argent un autel (*aram s[ua] p[ecunia] f[ecit]*).

Sur un vase de grès trouvé près du Capitole, dans le
mamelon à l'ouest de ce monument:

X O		F O R
C V R		T V N
V C V		A T V
T I		S F E
		C I T

Le X et le P sont accompagnés de deux ᴣ qui sont les
abréviations de *Bonis bene* (aux bons, le bien). A gauche:
Christo Curucuti(?). A droite: Fortunatus feci (fait par Fortunatus).

Texte provenant d'un grand tombeau:

CLODIVS LICIANVS QVAESTOR ET
GNATIA RVFINA EIVS IN MEMORIA CLO
DIORVM SAPRVLLICAE LICINIANE LICINIANI RVFINAE
FILIORVM SVORVM ET SIBI POSTERISQVE SVIS FEC

Cette tombe avait été érigée en mémoire des quatre
Clodius:

Saprullica, Liciniana, Licinianus, Rufina, leurs fils et
filles, par le père Clodius Licinianus questeur et sa femme
(ejus, sous-entendu uxor) Gnatia Rufina.

Pierre de calcaire blanc trouvée dans une maison en bordure sur la voie du Capitole:

Hauteur des lettres, o m. 03; hauteur de la pierre,
o m. 49; largeur de la pierre, o m. 66; épaisseur, o m. 20.

C'est une fort intéressante dédicace à la déesse Cælestis,
et c'est le premier texte qui fasse mention à Timgad de cette
divinité, la Junon Punique, Tanit, quelquefois Diane:

```
CAELESTI      AVG      SACRVM
PRO  SALVTE . D.  N.  //////////////
P.  SITTIVS . OPTATVS . EQ.  R.  ET
OCTAVIVS . EMERITVS . ET  CAECIL
FRVMENTIVS .  SACERDOTES
CENTRIVS  ABVNDIVS  GRASID
FELIX . RESTVTVS . SIRISINN
TERENTIVS  FORTVNATVS  EXTRI
CANISTRARI . ET COMMVNIS . SI//////
NVS DONATVS . VINCENTIVS FRVCT
VITALIS . FELIX . SACRATI . DE SVO  F.
```

Consacré à Cælestis Auguste, pour le salut de notre maître (domini nostri)... P. Sittius Optatus, chevalier romain
(eques romanus) et Octavius Emeritus et Cæcilius Frumen-
tius prêtres; Centrius, Abundius, Grasidius, Felix, Restutus,
Sirisinus, Terentinus, Fortunatus, Extricatus, canistrarii (1); et Communis, Si...nus, Donatus, Vincentius, Fruc-
tus, Vitalis, Felix, fidèles à la déesse, ont fait le monument à
leurs frais (de suo fecerunt).

————

Dans une des maisons du nord-ouest de la cité, on a
exhumé une pierre, faisant partie d'un mur comme réemploi.
Longue de 2 m. 50, haute de 0 m. 44 et épaisse de 0 m. 20,
elle nous a donné une indication intéressante (1907):

```
FORUM
VESTIARIVM
ADIVTRICIANVM.
```

Hauteur des lettres, 0 m. 08.

Forum vestiarium adjutricianum, c'est-à-dire marché
auxiliaire des vêtements.

On se rappelle que nous avons parlé de l'annexe du marché de Sertius qui était fort probablement un *forum vestia-*

————

(1) Canistrarii, porteurs de corbeilles, auxiliaires des prêtres.

rium (1). Ce texte nouveau nous apprend qu'il y en avait un autre, complémentaire ; nous ignorons encore où il se trouvait.

Près de là, un fragment de calcaire (hauteur, 0 m. 30; largeur, 0 m. 44; épaisseur, 0 m. 10) contenait l'inscription :

IN   HIS   PRAE

DIS . M.   RVTIL

CASTRENSIS

MERITORIA

//////// STAN

La cinquième ligne, incomplète, n'est pas explicable. Les quatre premières peuvent être traduites ainsi :

« Dans ces propriétés de M. Rutilius Castrensis, des boutiques (meritoria)... »

Même provenance, et également réemploi d'une pierre de 4 mètres de longueur; 0 m. 85 de hauteur; 0 m. 20 d'épaisseur. Inscription qui a fort probablement été enlevée du Forum. Hauteur des lettres, 0 m. 08.

C'est une dédicace à Marc-Aurèle; des six lignes composant ce texte, les quatre premières sont intactes; la cinquième ne donne que le mot *Augusti;* la dernière a été entièrement martelée :

IMP. CAES. M. AVRELIO. ANTONINO. AVG. ARMENIACO MEDICO
PART. MAXIMO IMP.V. PONT. MAX. TRIB. POTEST. $\overline{\text{XXIII}}$ COS $\overline{\text{III}}$ PAT. PAT
DIVI ANTONINI. PII. FILIO. DIVI HADRIANI NEPOTE DIVI
TRAiaNI. PARTHICI PRONEPOTE. DIVI NERVAE ABNEPOTE
/// AVGVSTI
///

L'inscription est de l'année 169 de notre ère, deux années avant celle de la porte du faubourg de l'est (2). Elle doit être de la première moitié de l'an 169, Marc-Aurèle (Antonin-Auguste) ayant abandonné les titres d'Arméniaque, de Parthique maxime et de Médique à la mort de son frère Lucius Verus (hiver 169), titres qui figurent ci-dessus.

(1) *Les Ruines de Timgad,* page 220 ; *les Nouvelles Découvertes,* page 72.
(2) Voir page 10.

Texte trouvé en 1908. Hauteur des lettres, o m. 05.

```
        Q.  ANICIO
        FAVSTO  COS
        TEGONIVS
        SATVRNI
        NVS  FL  PP
        QQ  COL  THA
        MVG  PATRO
            NO
```

Q(uinto) Anicio Fausto co(n)s(uli) Tegonius Saturni-
nus Fl(amen) p(er)p(etuus) q(uin)q(uennalis) Col(oniæ)
Thamug(adensis) Patrono.

Comme on sait, le patron d'une ville était un grand personnage que cette ville choisissait comme citoyen romain
pour qu'il se fît son protecteur à Rome.

Q. Anicius Faustus est connu comme patron de Timgad
par d'autres textes (1). C'était un légat de la légion de Lambèse.

————————

Commencement d'une inscription:

```
        IN  HIS  PRAED

        Q.  ANTONI  MA

        XIMI  ACVTIANI
```

C'est-à-dire : Dans ces propriétés de Quintus, etc... La
suite était sur une autre pierre. Nous en avons trouvé une
analogue annonçant la mise en location de meritoria (boutiques). Voir ci-dessus, page 145.

————————

```
        VR      SACR
        C.   DOMI
        TIVS    GE
        RVLAN
        VS.  F.  P
        S.P.F.I.D.
```

(Merc)ur(io) sacr(um) C. Domitius Gerulanus f(la-
men) p(erpetuus) s(ua) p(ecunia) f(ecit) i(demque) d(edi-
cavit).

————————

(1) Corpus I. L. 17870 et 17871.

Jusqu'ici le flamine perpétuel C. Domitius Gerulanus n'était pas connu. Ce texte est donc intéressant.

———

Dans une maison du sud de la cité, au nord de celle de l'Hermaphrodite, dédicace à la déesse Cælestis (1) :

CAEL
AVG
P. PACVVIVS
DONVM   QV
ARGENTI. P
FECTV

Cæl(esti) Aug(ustæ) P. Pacuvius dodum qu(em) argenti p(romiserat) per(fectu)m est.

« A Cælestis Auguste, P. Pacuvius fit le don d'argent qu'il avait promis. »

———

Texte trouvé au fort byzantin, et provenant sans doute du Forum :

VALVBI
VIRRIAE
FLAVIAE
SEVERINETI
PETRONIANAE
M. VIRRI. FL. IV
GVRTHAE EQ. R.
FL. PP FILIAE
POMPEII FVS
CVS ET FELIX
FIDEM PATER
NAE. AMICITIAE
ISTA MEMO
RIAE PERPE
TVITATE TES
TANTES L. D. D. D.

Valubi Virriæ Flaviæ Severine (ti) Petronianæ M. Virri Fla(vii) Jugurthæ Eq(uitis) R(omani) fl(aminis) p(er)p(etui) filiæ Pompeii Fuscus et Felix fidem paternæ amicitiæ ista memoriæ perpetuitate testantes l(aus) d(atus) d(ecreto) d(ecurionum).

———

(1) C'est la seconde trouvée à Timgad. Voir plus haut, page 144.

... les deux Pompéius Fuscus et Felix, attestant la fidélité gardée par eux à l'amitié paternelle par cette perpétuité de la mémoire...

Valubi est un surnom étrange donné à la dame à qui est dédié le monument. A la fin de la quatrième ligne les deux lettres TI sont inexplicables; elles constituent probablement une erreur de graveur. La base honorifique du père de Petroniana existe sur le Forum de Timgad, à gauche en entrant, côté de la basilique judiciaire.

Inscription trouvée dans les fouilles du monastère ouest:

```
E   EIVS   CORNELIA  VALENTINa
E   DVLCISSIMAE  FECIT  CVI  V
OS   ADIECIT  SPERAVI  DOI/////////
INE  EST  NIL  VOLO  NIL  CVPIO
```

C'est une tombe faite par une nommée Cornelia Valentina à quelqu'un de sa famille.

GRAFFITES

Sur le dallage de la grande voie entre l'arc de Trajan et la porte de Lambèse, nous avons mis au jour des dessins gravés à la pointe (1) et, faute de désignation meilleure, nous leur avons donné le nom de *graffites* bien qu'il soit, selon nous, assez impropre et concerne plutôt des images tracées au crayon que des contours obtenus par un instrument de métal.

Ces graffites sont au nombre de six et se trouvent non loin du château d'eau de Julius Liberalis découvert en 1902 (2), à un endroit où la voie Decumane est large de huit mètres (sans compter les trottoirs) (3).

Le premier dessin représente un cheval au galop emportant d'une allure rapide le *cisium,* véhicule à deux roues dont les anciens se servaient fréquemment et dont on voit de nos jours une réminiscence dans les représentations de nos hippodromes modernes. Les formes du cheval sont nettement indiquées, sauf pour une des jambes de devant. La voiture,

(1) En 1904.
(1) *Les Nouvelles Découvertes de Timgad,* page 73.
(2) Ces trottoirs ont 5 m. 50 de largeur chacun.

elle, n'est pas figurée entièrement; on n'en aperçoit que la partie antérieure; et, par conséquent, ni les roues ni le conducteur n'ont été dessinés.

Le second nous montre un lutteur aux prises avec une bête féroce. Nous en avions déjà trouvé un de ce genre dans les graffites des grands thermes du nord extra-muros (1). La nature de l'animal n'est pas très définie, mais le lutteur est bien campé; il a les jambes nues, ne porte pas de coiffure, et sa taille est serrée par une tunique qui ne dépasse pas les genoux (2). Il est armé d'un épieu de chasse (*venabulum*).

Le troisième graffite nous donne la silhouette d'un cygne nageant; mais malheureusement l'indication est fort sommaire et même incomplète; seuls la tête, le cou, la panse et le devant du corps sont figurés avec précision.

La quatrième composition est relative à une dame romaine filant auprès d'un enfant au maillot. Cette scène d'intérieur est charmante. La figure de la femme est de 0 m. 70 de hauteur et de 0 m. 20 de largeur; elle est debout, porte une tunique à manches courtes, repliée dans le bas de façon à laisser apercevoir la cheville et le pied.

La coiffure se compose de deux cordons de cheveux découvrant le haut du front et retombant vers les tempes. La matrone, représentée de face, tient, de la main gauche, la laine et, de la droite, le fuseau. La quenouille ne figure pas dans l'ensemble du dessin qui est très soigné et nous donne une grande justesse de mouvement.

La cinquième offre un guerrier armé d'une sorte de lance et d'un bouclier. La hauteur du personnage est de 0 m. 25; celui-ci, placé de face, est debout et tient sa pique de la main droite, tandis que le bouclier est maintenu par la gauche. Le vêtement se compose d'une courte tunique avec ceinturon et cuirasse. Ce dessin est fort bien traité.

Le sixième tracé est aussi le plus important et le plus intéressant. Il nous montre un quadrige dont le dessin occupe la largeur entière d'une grande dalle de calcaire bleu, non loin du lacus du flamine Liberalis (3).

---

(1) *Une cité africaine sous l'empire romain*, CAGNAT et A. BALLU, page 283. Rapport sur les fouilles de 1900 (*Journal Officiel* du 1er mai 1901, page 2831). *Les Nouvelles Découvertes de Timgad*, page 47.

(2) Hauteur, 0 m. 25 ; largeur, 0 m. 09.

(3) Hauteur du dessin, 0 m. 33; largeur, 0 m. 55.

Les coursiers sont vus de face et le char, en raccourci, ne laisse apercevoir qu'une partie de son avant et la roue de gauche. Les chevaux se déploient en éventail avec des dimensions figurées inégales à cause de la perspective. Le cocher, debout, tient de la main droite un fouet et, de la gauche, les rênes qui lui entourent les reins, afin de lui donner plus de force pour les retenir. Un couteau suspendu à sa ceinture est à sa disposition, en cas d'accident, pour couper les liens qui maîtrisent l'ardeur des chevaux.

Une palme gravée en avant de l'attelage indique que le cocher est vainqueur; son nom, ainsi que celui des coursiers qui est inscrit au-dessus de la tête de chacun d'eux, est:

FAVYANVS
AVRIGA (1)

Les chevaux s'appellent:

LEANDER
HERCVLES
ACHILLES
DIOMEDES

Faut-il déduire de ces images que Thamugadi possédait un cirque? On ne saurait certes l'affirmer, mais il est probable que cet hippodrome, s'il n'était pas situé sur le territoire de la ville, n'en était pas très éloigné.

Quoi qu'il en soit, ces dessins offrent un réel intérêt, et l'avantage d'être fixés d'une manière indélébile sur les dalles de la belle voiè triomphale de Timgad.

En 1909, toujours sur la grande voie decumane près de l'arc de Trajan, des lettres de o m. 015 de hauteur ont été gravées au-dessous d'un phallus. C'est une obscénité:

////////M //////OCVNQVE NOS
IMV/////// QVI   POTET   MELIVS
FACEAT

Il faut lire:

(*Qu*)*ocumque nos imu*(*s*).

Et cela veut dire:

... Partout où nous allons. Que celui qui le pourra fasse mieux que moi.

(1) Auriga: cocher, conducteur de chars dans les jeux du cirque. Favyanus pour Fabianus.

§ III

FRAGMENTS ET OBJETS DIVERS

Comme pour les inscriptions, nous devrons nous limiter à n'énumérer que quelques fragments ou objets provenant de nos découvertes récentes (1).

PIERRE DE GRÈS

1903 — TABLE D'OFFRANDE représentant, en creux, diverses vaiselles; deux plats, deux poêles, deux écuelles. Pierre funéraire. Hauteur, o m. 56; largeur, o m. 38; épaisseur, o m. 09.

CLAIRE-VOIE DE FENÊTRE, se composant de six demi-cercles dont les cordes se confondent avec les côtés de la claire-voie. Dans la hauteur, chaque bord de la fenêtre a deux demi-cercles; dans la largeur, un seul en haut et en bas. Le haut de la courbe de trois des demi-cercles est rejoint par autant de lignes droites convergeant au centre. La fenêtre a o m. 27 d'épaisseur; la claire-voie, o m. 09; la largeur des meneaux est de o m. 03.
L'ensemble de la pierre est de o m. 50 sur o m. 55 (hauteur).
(Trouvée dans la voie à l'est des petits thermes est.)

1904 — Neuf AMPHORES (dans le bassin au sud des grands thermes sud).

Trois STÈLES: l'une contenant un personnage porteur d'un objet indistinct; les deux autres, frustes. Six moulins.

1905 — MENSA, sur laquelle sont sculptés en relief les objets suivants:
Au premier plan, un pain, un plat à œuf (sans œuf), un couteau et sa gaîne.
Au deuxième plan, un plat avec oreilles contenant deux poissons; une patère à libations avec manche. Un petit plat contenant un œuf; un gâteau dans un plat; une cuiller à coquillages et à œufs.
(Trouvée près des thermes des Filadelfes). Haut., o m. 30; larg., o m. 58.

(1) On en trouvera la liste complète dans les Journaux officiels des 27 janvier 1904; 31 janvier 1905; 26 février 1906; 3 février 1907; 25 février 1908; 11 février 1909; 15 janvier 1910.

STÈLE VOTIVE, anépigraphe, sans attribut. Un seul registre. Un homme y est représenté vêtu de la *toga fusa*. Hauteur, o m. 55; largeur, o m. 30. (Même provenance que ci-dessus.)

STÈLE VOTIVE A SATURNE, anépigraphe; deux registres. Hauteur, o m. 95; largeur, o m. 55.

1ᵉʳ registre: Saturne voilé, couché à droite, appuyé sur un bélier. Le Dieu tient de la main droite le couteau recourbé. (Même provenance.)

2ᵉ registre: Un homme et une femme se tiennent enlacés. Les dédicants ont o m. 50 de hauteur.

STÈLE VOTIVE. Registre unique. Une femme tenant de la main droite une grappe de raisin; de la gauche, une colombe. Les bras sont ramenés sur la poitrine. Au-dessus de la dédicante, deux dauphins entourant une feuille de vigne. Hauteur, o m. 95; largeur, o m. 45. (Voie des thermes est.)

STÈLE VOTIVE A SATURNE, anépigraphe. Trois registres. La pierre étant cassée, il ne reste que le 2ᵉ et le 3ᵉ registre.

2ᵉ registre: Une femme tenant de la main droite une grappe de raisins.

3ᵉ registre: Un bélier. Hauteur, o m. 47; largeur, o m. 35. (Près les thermes des Filadelfes.)

STÈLE VOTIVE A SATURNE, anépigraphe. Deux registres.

1ᵉʳ registre: Le buste de Saturne voilé. Le Dieu est flanqué, à droite et à gauche, du buste de deux personnages, sans attribut, qui représentent le soleil et la lune.

2ᵉ registre: Personnage revêtu de la toge, tenant de la main droite une patère (sans manche) et, de la main gauche, un coffret. Derrière le dédicant un bélier marchant à gauche. Hauteur, o m. 75; largeur, o m. 35. (Même provenance.)

STÈLE VOTIVE A SATURNE, anépigraphe. Trois registres. Hauteur, o m. 88; largeur, o m. 36.

1ᵉʳ registre: Le buste de Saturne voilé, la lune et le soleil. Saturne est placé à gauche, au lieu de se trouver au milieu. A côté de lui, le couteau recourbé.

2ᵉ registre: Une femme tenant sur la poitrine, avec la main droite, une grappe de raisins. Le bras gauche retombe le long du corps. A droite et à gauche de la dédicante, deux génies tenant de longues palmes.

3ᵉ registre: Un bélier marchant à droite, conduit par un sacrificateur, qui tient de la main droite le bélier et, de la main gauche, le couteau recourbé. (Même provenance.)

STÈLES A SATURNE

STÈLE VOTIVE A SATURNE, anépigraphe. Trois registres. Hauteur, o m. 90; largeur, o m. 42.

1ᵉʳ registre: Saturne (voilé) couché à droite, tenant de la main droite le couteau recourbé.

2ᵉ registre: Deux personnages, homme et femme. La femme tient de la main droite une grappe de raisin et a le bras gauche passé derrière le cou de l'homme, la main gauche s'appuyant sur l'épaule droite de ce dernier.

3ᵉ registre: Un bélier. (Même provenance.)

STÈLE VOTIVE A SATURNE, anépigraphe. Hauteur, o m. 88; largeur, o m. 36. Trois registres:

1ᵉʳ registre: Buste de Saturne (voilé) entouré de ceux de la lune et du soleil. De chaque côté du buste de Saturne, le couteau recourbé et le fouet d'Apollon.

2ᵉ registre: Une femme, les cheveux partagés par une raie au milieu de la tête, vêtue de la *palla* et de la *stola*, chaussée de brodequins lacés. La main droite est appuyée sur un autel; la main gauche, ramenée sur la poitrine, tient une petite corbeille pleine de fruits.

3ᵉ registre: Un bélier marchant à gauche, un taureau marchant à droite. (Même provenance.)

STÈLE VOTIVE A SATURNE, anépigraphe. Trois registres. Hauteur, 1 m. 20; largeur, o m. 39. Bonne facture.

1ᵉʳ registre: Saturne (voilé) couché à droite, le coude gauche appuyé sur un coussin. Le bras droit est allongé le long du corps. Dans la main droite, le couteau recourbé.

2ᵉ registre: Un homme vêtu de la toge et chaussé de hauts brodequins. Le bras droit est allongé le long du corps. Le dédicant tient dans la main gauche un rouleau. A gauche du personnage se trouve une boîte à livres entourée d'une courroie passant par une boucle. Sur cette boîte, des rouleaux en assez grand nombre.

3ᵉ registre: Un taureau mangeant à gauche dans un panier; un bélier mangeant à droite également dans un panier. (Même provenance.)

STÈLE VOTIVE, anépigraphe; deux registres.

1ᵉʳ registre: Génie tenant des deux mains un voile posé sur la tête. A gauche, un coquillage; à droite, une pomme de pin.

2ᵉ registre: Un personnage masculin posant la main sur un autel (facture médiocre).

(Trouvée sur la voie des thermes est.)

Tables de mesures-étalons.

Du côté de la porte nord on a trouvé, dans des murs de basse époque, deux tables de pierre dans la hauteur ou épaisseur desquelles ont été creusées des cuvettes hémisphériques munies, au-dessus de la surface supérieure, d'un rebord de hauteur variable et d'un petit trou, au fond (1). C'étaient des mesures de liquides qu'on faisait écouler par le trou inférieur, après l'opération. La plus grande de ces tables mesure 1 m. 20 de long, 0 m. 48 de large et 0 m. 28 de hauteur. Elle contient cinq cavités:

La première, de 0 m. 39 de diamètre et de 0 m. 20 de profondeur, est percée d'un trou de 0 m. 03. Elle contient une *amphore*, c'est-à-dire 26 litres 26.

La seconde, de 0 m. 35 de diamètre et de 0 m. 20 de profondeur, a, dans le bas, un trou de 0 m. 04. C'était un *modius*, ou 8 litres 754.

La troisième, ayant un diamètre de 0 m. 26 sur une profondeur de 0 m. 15, avait un trou de 0 m. 03. Sa capacité était celle d'un *semodius* ou demi-modius, équivalant à 4 litres 377.

La quatrième, d'un diamètre de 0 m. 14 et de 0 m. 10 de profondeur, ne possédait pas de trou inférieur. Elle valait le double setier italique ou *sextarius castrensis*, ou 1 lit. 54. De plus, sur la tranche de la pierre, encadrée dans une moulure, on lit l'inscription suivante, dont les lettres, hautes de 0 m. 03, sont de facture médiocre:

////////////////////////////////S CELe
RINVS AEDILIS MENSVRAS
EXAEQVaTAS EX SVA LIB CIVIB SVIS STATVIT

... *(iu)s Cel(e)rinus ædilis mensuras exæqu(a)tas ex sua lib(eralitate) civib(us) suis statuit.*

Traduction:

...L'édile Celerinus a établi libéralement pour ses concitoyens ces mesures vérifiées d'après les étalons officiels (2). La plus petite table mesure 0 m. 58 de longueur, 0 m. 37 de largeur et 0 m. 18 de hauteur. Elle ne possède qu'un

---

(1) Cf. sur cette découverte, R. Cagnat, *Comptes rendus de l'Académie des Inscriptions et Belles Lettres*, 1905, page 489 et suivantes.

(2) Ces étalons officiels étaient ceux de Carthage et de Rome.

TABLE DE MESURES-ÉTALONS

trou de o m. 32 de diamètre. Sa contenance était de 4 se-
tiers ou 2 litres 16 décilitres.

1906   VASE en forme de mortarium, avec quatre oreilles, dont une
       creusée longitudinalement. Hauteur, o m. 17; diamètre,
       o m. 40. Porte une inscription donnée plus haut (page 143).
       (Mamelon à l'ouest du Capitole.)

       META pour moulin à blé; hauteur, o m. 75. (Boulevard nord
       de la cité.)

       CATILLUS pour moulin à blé. Hauteur, o m. 68; diamètre,
       o m. 50. (Même provenance.)

1907   PIERRE ajourée, servant de fenêtre. Deux demi-cercles gra-
       vés se touchent par la pointe. Dans chaque demi-cercle,
       deux arcades jumelées à jour; pour occuper les deux trian-
       gles curvilignes résultant de la juxtaposition des demi-cer-
       cles, deux petites arcades. L'effet de cette claire-voie est
       très joli. Hauteur, o m. 62; largeur, o m. 50.
       (Faubourg nord-ouest de la cité.)

1908   TÊTE DE STATUE. Coiffure divisée au milieu de la tête, cheveux
       tombant, recouvrant les oreilles et se relevant en rouleaux
       sur le cou. Hauteur, o m. 20; largeur, o m. 17.
       (Maison du quartier sud-est de la cité.)

PIERRE CALCAIRE

1903   HERMÈS A DEUX TÊTES (bifrons) semblant avoir appartenu au
       haut d'un siège de statue. D'un côté, Minerve casquée; de
       l'autre, tête de femme avec la coiffure ondulée et remontée
       au sommet par un ornement en forme d'*apex*. Hauteur,
       o m. 22; largeur, o m. 38; épaisseur, o m. 10.

       TÊTE fruste en bas-relief d'Hercule. Hauteur, o m. 25; lar-
       geur, o m. 22; épaisseur, o m. 10.

       PLACAGE ORNEMENTÉ, comme il en a été trouvé au théâtre et au
       Capitole. Influence d'art punique. Etoile dans un cercle au
       centre avec fleur, rosace en relief. Sortes de peltes aux ex-
       trémités.

       BELLE VASQUE trouvée dans la partie ouest du Decumanus.
       Elle est très finement taillée, mais n'a pas d'ornements.
       Diamètre, 1 mètre; hauteur, o m. 50.

1904   DAUPHIN sculpté de fontaine trouvé dans les déblais aux abords des grands thermes est. Hauteur, o m. 42; épaisseur, o m. 25.

DEUX GROS POIDS.

PLACAGE ORNEMENTÉ comme celui ci-dessus. Rosace en relief.

SARCOPHAGE sans ornement (carré à l'est de la bibliothèque).

1905   FRAGMENT de cancel plein. Les quatre angles et le milieu sont occupés par des rosaces. L'axe et les côtés verticaux sont décorés d'un filet saillant; quatre demi-cercles en s'entre-croisant aboutissent au point central du cancel. Ces demi-cercles sont tracés par un filet saillant comme les lignes ci-dessus. Hauteur, o m. 95; largeur, 1 mètre.
(Dans les voies quartier nord-est.)

CONSOLE SCULPTÉE, très bonne facture. Sur la face, jolies feuilles d'acanthe; sur les côtés, un dauphin. Hauteur, o m. 25; largeur, o m. 19 (au nord-est des grands thermes est).

FRAGMENT d'inscription impériale : trAIANI. Grandes et belles lettres du IIIe siècle (près la porte nord).

Très beaux CHAPITEAUX CORINTHIENS. Hauteur, o m. 60 (même provenance).

1906   PILON. Hauteur, o m. 29; diam., o m. 34 (quartier industriel).

Sorte de POMME DE PIN (couronnement de pilier de bassin) percée au centre. Hauteur, o m. 14; circonférence, o m. 38.
(Maison quartier sud-est.)

CONTREPOIDS de porte percé au milieu. Hauteur, o m. 15; circonférence, o m. 32.
(Près les thermes sud.)

BIFRONS. Tête de femme suspendue par un crochet scellé sur le crâne. Hauteur, o m. 13; largeur, o m. 14.
(Maison sur le Decumanus à l'est.)

FRAGMENT DE SARCOPHAGE SCULPTÉ représentant un génie soutenant une guirlande repliée autour d'un macaron. Longueur, o m. 48; largeur, 1 m. 10; épaisseur, o m. 08 (même provenance.)

TÊTE DE STATUETTE DE FEMME VOILÉE. Hauteur, o m. 10; largeur, o m. 08 (fouilles près de la porte nord).

POIDS avec la marque VI, pesant 1 kilogr. 900. Hauteur, o m. 11; largeur, o m. 10. (Faubourg nord-est de la cité.)

1907 Deux CHAPITEAUX IONIQUES très ornés avec feuillages et perles. Hauteur, o m. 28; carré de l'abaque, o m. 60.
(Quartier nord-ouest de la cité.)

CHAPITEAU CORINTHIEN, bonne facture, paraissant avoir appartenu au Forum. Hauteur, o m. 54; carré de l'abaque, o m. 60. (Même provenance.)

1908 TÊTE DE FEMME provenant d'une stèle. Hauteur, o m. 10; largeur, o m. 09.
(Fouilles du monastère de l'ouest.)

PETIT VASE forme pilon. Hauteur, o m. 06; largeur, o m. 14; creux, o m. 04. (Même provenance.)

1909 CADRAN SOLAIRE. Hauteur, o m. 45; largeur, o m. 55.
(Monastère de l'ouest.)

PLAT avec oreillettes. Hauteur, o m. 02; diamètre, o m. 18. (Même provenance.)

STÈLE. Hauteur, o m. 80; largeur, o m. 60, représentant un Mercure nu, tenant de la main droite une bourse et, de la gauche, le caducée. Derrière le Dieu, un bélier et un coq. Dans un coin, une tortue. Hauteur du Mercure, o m. 55. (Fouilles de la grande basilique du nord.)

MARBRE BLANC

1903 STATUETTE représentant un enfant couvert d'un manteau attaché sur l'épaule droite et relevé sur le devant du corps qui est nu. L'enfant tient un oiseau à qui il fait manger une grappe de raisin. Hauteur, o m. 95; largeur, o m. 30. (Quartier nord-est de la cité.)

TÊTE DE FEMME DIADÉMÉE. Cheveux ondulés et noués en chignon derrière la tête. De bonne facture, mais malheureusement assez détériorée. Hauteur, o m. 10; largeur, o m. 07. (Decumanus ouest.)

BELLE TÊTE DE STATUETTE DE FEMME; cheveux ondulés surmontés d'un diadème et noués par derrière en chignon assez volumineux. Tête élégante et peu détériorée. Hauteur, o m. 16; largeur, o m. 12.
(Près le marché de l'est.)

CONTREPOIDS pour fermeture de porte, contenant encore le scellement par lequel il était suspendu. Hauteur, o m. 18; diamètre à la base, o m. 13; diamètre au sommet, o m. 10.

1904 BAS-RELIEF représentant une tête de femme avec feuille d'acanthe.

PLACAGE AVEC FEUILLES D'ACANTHE. Hauteur, o m. 10; largeur, o m. o8.

CHAPITEAUX de différents ordres.

1905 FRAGMENT DE STATUETTE figurant le torse d'un guerrier et le haut de la jambe droite. Hauteur, o m. 10.
(Maison du quartier nord-ouest.)

Très beau CHAPITEAU BYZANTIN en parfait état. Hauteur, o m. 60. (Petite basilique près la porte nord.)

PILASTRES ornés de moulures plates et de lignes décoratives: largeur, o m. 285; épaisseur, o m. o3. Chapiteaux ordre corinthien couronnant ces pilastres: largeur, o m. 285; hauteur, o m. 32. (Même provenance.)

TÊTE DE FEMME DIADÉMÉE, aux cheveux largement ondulés et séparés par une raie ménagée au milieu de la tête. Oreilles couvertes par la chevelure. Cou en entier avec amorces de draperie; traces de peinture rouge très nettes.
Cette tête ressemble à celles des impératrices de la maison de Septime Sévère; peut-être une Julia Domna ou une Plautilla. Hauteur du fragment, o m. 70.
(Piscine des thermes ouest.)

1906 STATUE D'ESCULAPE à laquelle il ne manque que le pied gauche et le bras droit. Ce dernier était nu; le bras gauche drapé est légèrement coudé et s'appuie sur le ventre. Le torse de la statue est nu, sauf l'épaule droite de laquelle tombe une draperie qui enveloppe tout le bas de la figure. La tête, barbue, est couronnée de feuillage. Ce marbre est de la même grandeur et de la même facture que l'Hygie trouvée dans la maison de Sertius; il couronnait donc le petit monument sur lequel est gravée une dédicace à Esculape (1) dans les bains privés de cette habitation, de même que la statue d'Hygie surmontait la base portant le texte en l'honneur de cette divinité. Hauteur, o m. 97; largeur, o m. 36; épaisseur, o m. 13.
La statue était appliquée sur un mur; c'est ce qui explique son peu d'épaisseur et son absence de parties sculptées du côté postérieur.
(Près la maison de Sertius et les grands thermes sud.)

____

(1) *Les Nouvelles Découvertes de Timgad*, page 88.

STATUE D'ESCULAPE

1908   STATUETTE représentant une Aphrodite marine ou une Amphitrite. Elle est brisée; le haut manque à partir du nombril, mais les extrémités des bras sont restées. De la main droite, la déesse ramène sur la partie sexuelle un bout de la grande draperie qui lui couvre les épaules et pend jusqu'à terre.

Le bras gauche est étendu sur la queue d'un dauphin, qui est placé verticalement et repose sur l'arrière d'une barque. Le corps est appuyé sur la jambe droite, la gauche étant pliée en avant. Hauteur du fragment, o m. 28; largeur, o m. 20; longueur du dauphin, o m. 18.

(Maison faisant l'angle nord-ouest de la cité.)

TÊTE DE FEMME qui pourrait être celle de la statue précédente. Elle est coiffée de deux grands bandeaux reliés derrière la nuque. Le reste de la chevelure forme diadème. Hauteur, o m. 07; largeur, o m. 45. (Même provenance.)

PATTE DE LION. Hauteur, o m. 40; circonférence, o m. 51. (Maison au nord-ouest de la cité.)

FRAGMENT DE STATUETTE représentant une femme nue jusqu'au bas du ventre, les cuisses et les jambes étant drapées. De la main gauche, cachant la partie sexuelle, les plis de la draperie sont retenus. Les pieds manquent ainsi que le haut du corps à partir des seins. Hauteur du fragment, o m. 11; largeur, o m. 28. Poids, 280 grammes. (Maison voisine des petits thermes est.)

1909   TÊTE DE STATUE de grandeur naturelle. Cette tête de femme mesure, du menton au sommet de la chevelure, o m. 30. La plus grande circonférence est de o m. 63; un morceau du front, à gauche, a été brisé. Le nez, la lèvre supérieure ont été martelés; la facture en est bonne. Elle présente une particularité par suite de la coiffure qui est des plus compliquées: Sur le front les cheveux très ondulés, laissant de petites mèches roulées sur les tempes, sont fort gracieusement relevés en deux bandeaux qui viennent se perdre sous deux coques placées au sommet de la coiffure, et retenues par une grosse mèche ramenée d'arrière en avant en formant torsade.

Le reste de la chevelure descend en encadrant la figure, par deux bandeaux. Ces deux bandeaux laissant la moitié de l'oreille à découvert se terminent sur la nuque dans un catogan. (Monastère de l'ouest.)

TÊTE D'HOMME; nez cassé. La chevelure bouclée est coupée en rond sur le front. C'est un *barbatus* portant moustaches et toute la barbe. Bonne facture. Hauteur, o m. 32; largeur, o m. 20. (Même provenance.)

———◆———

TERRE-CUITE (OBJETS DIVERS)

1903   PETIT CREUSET pour la fonte de métaux au chalumeau, forme ovoïde. Longueur, o m. 09; largeur, o m. 05.

FRAGMENT DE MOULE représentant d'un côté la partie basse d'une statue posée sur son socle et les jambes de deux personnages disposés près de ce dernier.

L'autre côté contient un fragment d'inscription:

L I C E S

N I S

V O

O

(Maison sur le Decumanus est.)

FRAGMENT DE PLAT; dans un cercle le monogramme du Christ avec l'A et l'Ω. Tout autour de ce cercle sont des petits enfoncements lenticulaires.

FIGURINES D'ANIMAUX représentant les unes des moutons, les autres des canards ou des animaux divers, au nombre de dix. Ont été trouvées dans une des boutiques du marché de l'est. Longueur moyenne, o m. 13; hauteur des oiseaux, o m. 06; longueur, o m. 10; hauteur des moutons, o m. 9. Ce sont des jouets.

ANTEFIXES de différentes dimensions au nombre de quarante environ.

Deux GRANDES BRIQUES CARRÉES de plancher d'hypocaustes avec la marque

C   F

Longueur et largeur, o m. 60; épaisseur, o m. 07.

1904   VASE bien conservé; ornements guillochés à la partie supérieure avec un deuxième rang guilloché en dessous. Hauteur, o m. 19; largeur à la base, o m. 10; au sommet, o m. 28. (Au sud des grands thermes sud.)

TUYAUX de conduites d'eau provenant des bassins du sud des grands thermes sud.

STATUE D'AMPHITRITE ET GARGOULETTE EN TERRE CUITE

DEUX GARGOULETTES et une AMPHORE. (Quartier nord-est de
la cité.)

TASSE ET SOUCOUPE percée de petits trous comme une passoire (près les thermes nord-ouest).

CACHET avec écriture en latin cursif. Creux profonds de
o m. 005. Largeur, o m. 65; hauteur, o m. 04 (même provenance).

ANTÉFIXE représentant une tête de hibou. (Thermes dits du
marché de Sertius.)

Sorte de BIBERON D'ENFANT figurant un oiseau. Hauteur,
o m. 04; largeur, o m. 09; épaisseur, o m. 03. (Quartier
industriel.)

PATERA avec manche (cassé). Diamètre, o m. 07; épaisseur,
o m. 004 (même provenance).

VASE contenant des milliers de pièces de monnaie (même
provenance).

DAUPHIN. Hauteur, o m. 40; largeur, o m. 05; épaisseur,
o m. 07. (Même provenance.)

Fragment d'un VASE qui devait être dédié à Saturne. Deux
figures en relief: à gauche, Saturne voilé; à droite, Apollon.
Hauteur des figures, o m. 02; hauteur du fragment,
o m. 04; largeur, o m. 05; épaisseur, o m. 004. (Même provenance).

CREUSET. Diamètre extérieur, o m. 14; diamètre intérieur,
o m. 10; creux de o m. 05. (Même provenance.)

EMPREINTE DE CACHET (*ectypus*) d'une bague à chaton d'intaille. Sujet: tête d'homme tournée vers la gauche. Diamètre, o m. 02. (Même provenance.)

VASE A BEC TRILOBÉ (gargoulette). Hauteur, o m. 19; largeur, o m. 10. (Même provenance.)

ANTÉFIXE représentant une tête d'homme. Diamètre, o m. 08;
hauteur, o m. 10 (boulevard nord).

ANTÉFIXE représentant une tête de lion; diamètre, o m. 14.
(Même provenance.)

CACHET de forme bombée figurant deux gladiateurs combat-
tant. Celui de gauche porte le bouclier carré à la hauteur
de la tête; son épée (un glaive court), qu'il tient de la main
droite, est à la hauteur de son ventre. La jambe droite est
tendue; celle de gauche est coudée et porte en avant.

L'autre guerrier présente la tête de profil tournée vers son adversaire, mais le corps est vu de face. La jambe droite tendue en avant; celle de gauche coudée en arrière. Le bouclier lui a échappé de la main gauche qui est repliée à la hauteur de la tête. Le glaive est tenu verticalement par le bras droit également coudé à la hauteur du visage (1). Diamètre, o m. o6. (Boulevard nord de la cité.)

CACHET représentant un Mercure dans un char, traîné par deux coqs (2). En exergue, l'inscription:

ACCEPI BONO MEO FELICITER GAVDEO MEIS

« *J'ai reçu pour mon bien heureusement; je m'en réjouis pour les miens.* »

(Quartier industriel.)

1907   FRAGMENT DE TUILE DE COUVERTURE (*imbrix*) portant en relief le monogramme du Christ. Hauteur du chrisme, o m. o8. (Fouilles du monastère de l'ouest.)

Sorte de PATÈRE, ornée au centre d'une croix. Diamètre, o m. o8; épaisseur, o m. oo4. (Même provenance.)

Quantités de GARGOULETTES et de PLATS. (Même provenance.)

Sorte de SOUCOUPE. Hauteur, o m. o2; diamètre, o m. o9. (Quartier nord-ouest.)

1908   Deux PIEDS DE CHANDELIERS cassés. Hauteur, o m. o7; longueur, o m. o6. (Monastère de l'ouest.)

JOUET D'ENFANT représentant un quadrupède (manque la tête). Hauteur, o m. o5; largeur, o m. o2; longueur, o m. o9. (Même provenance.)

STATUETTE figurant Bacchus. Le bras droit retient un bout d'écharpe et est ramené près du corps puis relevé du côté de la tête. Le bras gauche est étendu et brisé au coude. Le

____

(1) Cette représentation de gladiateurs n'est pas rare sous l'empire romain. Cf. sur les gladiateurs au combat les ouvrages et documents suivants :

Urne funéraire étrusque du musée du Louvre ; lampe du même musée (exercice contre le pieu). Héron de Villefosse, Monuments Piot, tome II: gladiateurs samonites sur le tombeau de Scaurus à Pompéi; Meier, Athen, Mittheilungen 1890, p. 162 ; Frohner, Musées de France, p. 66 et pl. 16; Alhmer, inscription de Vienne III ; Meier, West dent Zeitschrift für geschichte und Kunst, II p. 162 (nombreuses lampes des bords du Rhin). (Note communiquée par M. Babelon, membre de l'Institut).

(2) Voir page 27.

milieu du corps est recouvert d'une draperie passant sur
l'épaule gauche. La tête est inclinée à droite; la jambe
droite est cassée au-dessus du genou; la gauche, au-dessus
du pied. Bonne facture. Hauteur, o m. o5. (Même provenance.)

1909 Quatre fragments de TUILES (tegulæ) portant une marque de
potier

. S E C

Hauteur des lettres, o m. o25. (Même provenance.)

FRAGMENTS DE POTERIES (plats) où sont figurés: en relief, un
sanglier, une tête de mouton; en creux, une tête d'homme.
(Même provenance.)

PLATS soudés les uns aux autres par suite d'incendie. Hauteur, o m. 12; largeur, o m. 21. (Même provenance.)

ANTÉFIXE A TÊTE DE LION. Hauteur, o m. 18; largeur, o m. 12.
(Grande basilique du nord.)

———◆———

TERRES-CUITES (LAMPES PAIENNES)

1903 PETITE LAMPE PUNIQUE. Large orifice au centre et en saillie en
forme de goulot. Longueur, o m. o7; largeur, o m. o5.

FRAGMENT DE LAMPE ALLONGÉE ayant dû avoir sept becs sur une
même ligne droite et n'en contenant plus que six. Forme
elliptique. En arrière des becs, stries profondément tracées
en forme de vertèbres. Au milieu, une anse à moitié brisée.
Longueur, o m. 14; largeur, o m. o8. (Maison sur le Decumanus est.)

————

1904 LAMPE A DEUX BECS. Au centre, représentation d'un cerf.

1906 Sans signature de potier, DESSIN GÉOMÉTRIQUE. Diamètre,
o m. o8. (Quartier industriel.)

Sans signature de potier. Au centre, MASQUE DE THÉATRE
(o m. o2 de diamètre). Diamètre de la lampe, o m. o8; épaisseur, o m. o6. (Même provenance.)

Au centre, un GÉNIE (diamètre, o m. o25). Diamètre de la
lampe, o m. o8; épaisseur, o m. o7. (Même provenance.)

————

1907 JOLIE LAMPE DE CAMPANIE imitant la lampe grecque. Sujet:
une femme, marchant à gauche, tenant une corne d'abondance dans la main gauche. Semble représenter Junon

Monneta. Un double filet circulaire entre deux volutes se terminant sur le bec. Marque de potier: E. I. O. Hauteur, o m. 02; largeur, o m. 05; longueur, o m. 095. (Monastère de l'ouest.)

Représentation d'une DÉESSE tenant les bras levés, et portant sur la tête une écharpe. Elle est montée sur un char traîné par deux chevaux. Hauteur, o m. 03; largeur, o m. 07. (Même provenance.)

Au centre, tête (fruste). Marque du potier: C T E S O. Hauteur, o m. 03; largeur, o m. 06. (Même provenance.)

Décoration de LIGNES GÉOMÉTRIQUES (col cassé). Hauteur, o m. 03; largeur, o m. 08; épaisseur, o m. 10. (Même provenance.)

LAMPE avec filet circulaire. Marque du potier: L.M. ADIEC. (*Lucius Marcus adjecti*). Lampe de Campanie. Hauteur, o m. 03; diamètre, o m. 06; longueur, o m. 09. (Même provenance.)

Sujet: BUSTE DE FEMME. A droite, corne d'abondance. Hauteur, o m. 03; diamètre, o m. 06. (Même provenance.)

Sujet: BUSTE DE MERCURE tenant le caducée. Marque de potier effacée, probablement « *Adjecti* ». Lampe de Campanie à volutes. Hauteur, o m. 02; largeur, o m. 05; longueur, o m. 08. (Même provenance.)

1908   Fragment avec la marque du potier : S A E C V L (us) et ornement finissant par une tête de bélier. Hauteur, o m. 04; longueur, o m. 13. (Même provenance.)

·TERRES-CUITES (LAMPES CHRÉTIENNES)

1903   Figuration d'un CERF COURANT AU MILIEU; différents animaux courant également, au pourtour. Longueur, o m. 14; largeur, o m. 09. (Quartier nord-est.)

Au centre, URNE à col évasé sur lequel repose un oiseau plus grand que l'urne. Pourtour ornementé. Longueur, o m. 11; largeur, o m. 08. (Même provenance.)

Au centre, PAON avec aigrette. Un autre oiseau voltige dans le champ. Pourtour orné d'oiseaux en forme de cygnes à côté d'un palmier. A l'extrémité du pourtour, près du bec, deux pointes de flèches. Longueur, o m. 12; largeur, o m. 08. (Même provenance.)

Fragment avec, au centre, une FEMME DEBOUT; la partie supérieure du buste manque. Elle semble figurer l'église terrassant le dragon dont on voit la tête se retournant vers elle.

Deux petites victoires volent dans le champ et lui apportent une couronne. Pourtour: petits cercles entourant le monogramme constantinien et rosaces. Longueur, o m. o8; largeur, o m. o7. (Même provenance.)

Fragment. Au centre, et empiétant sur le sillon du bec, un PERSONNAGE NU, les jambes croisées, une main sur la tête, le bras gauche tendu le long du corps. A droite, un long serpent; de l'autre côté, une branche d'arbre. (C'est peut-être Eve tentée par le serpent.) Au pourtour, des poissons et des cœurs. Longueur, o m. o7; largeur, o m. o8. (Même provenance.)

1906   LE SACRIFICE D'ABRAHAM. Bordure de pastilles avec, au centre, le monogramme du Christ. Hauteur, o m. o2; diamètre, o m. o8. (Quartier industriel.)

PERSONNAGE tenant de la main droite une épée; de la gauche, un bouclier; au-dessous, un mouton. Hauteur, o m. o3; largeur, o m. o7; longueur, o m. 14. (Même provenance.)

CAVALIER galopant à droite. Hauteur, o m. o3; largeur, o m. o8; longueur, o m. 14. (Même provenance.)

LE LION ET LE MOUCHERÓN. Hauteur, o m. o3; largeur, o m. o9; longueur, o m. 14. (Même provenance.)

Quantités de sujets représentant des sangliers, des oiseaux, coqs, lions, poissons, palmiers, ornements géométriques, personnages dans diverses attitudes, vases symboliques, feuilles de lierre, taureaux, chiens, etc. (Même provenance.)

1907   UN HOMME dans une barque, les rames à la main. Largeur, o m. o6; longueur, o m. o7. (Quartier sud-est de la cité.)

CROIX sur un piédestal. Hauteur, o m. o4; largeur, o m. o8; longueur, o m. 13. (Même provenance.)

Une CROIX à gauche. A droite, trois FEMMES vêtues et voilées; facture médiocre. Hauteur, o m. o4; largeur, o m. o8; longueur, o m. 13. (Même provenance.)

CHRISME avec l'A et l'Ѡ. Hauteur, o m. o35; largeur, o m. o8; longueur, o m. 13. (Faubourg nord-est.)

Représentation d'un TEMPLE. Hauteur, o m. o35; largeur, o m. o8; longueur, o m. o9. (Même provenance.)

Le CHRIST tenant de la main gauche une croix, le bras droit levé. A ses pieds, deux anges apportant des offrandes; au-dessous (sur le bec de la lampe), un homme et une femme. L'homme a le bras droit levé. Autour de la tête du Christ sortant d'une « gloire », têtes d'animaux, chameaux, moutons. Hauteur, o m. o3; largeur, o m. o8; longueur, o m. 10. (Même provenance.)

Façade de BASILIQUE chrétienne. Hauteur, o m. o4; largeur, o m. o7; longueur, o m. 13. (Monastère de l'ouest.)

———

1908   COLOMBE sur un vase eucharistique. Hauteur, o m. o6; largeur, o m. 12; longueur, o m. 12. (Même provenance.)

LOSANGE avec feuilles de lierre alentour. Hauteur, o m. o4; largeur, o m. o7; longueur, o m. o9. (Même provenance.)

Au milieu, CHRISME; sur les bords, FEUILLAGES. Hauteur, o m. o5; largeur, o m. 10; longueur, o m. 15. (Même provenance.)

Un ENFANT NU. Hauteur, o m. o5; largeur, o m. 10; longueur, o m. 13. (Même provenance.)

———

BRONZE

1903   SPATULE en forme de cuiller. Longueur, o m. 16; épaisseur, o m. oo8. (Quartier nord-est.)

Petite SERRURE DE COFFRET, bien conservée, de forme carrée. Les clous d'attache existent aux quatre coins. Les bois dans lequel elle était fixée se voient encore entre les deux faces. Longueur et largeur, o m. o35; épaisseur, o m. o1. (Même provenance.)

FLÉAU DE BALANCE avec sa suspension. Longueur, o m. o85; épaisseur, o m. oo3. (Même provenance.)

AGRAFE à deux faces, découpée en profil d'homme. Longueur, o m. o6; hauteur, o m. o4. (Même provenance.)

PIED DE VASE terminé par une patte d'animal très ornée. Hauteur, o m. 12. (Même provenance.)

MONOGRAMME DU CHRIST découpé à jour et encadré dans un cercle. Diamètre, o m. o3. (Même provenance.)

———

1903   Belle LAMPE DE BRONZE avec sa tige entière. La hauteur de ce *candelabrum* est de o m. 43. Le support se compose d'une

CANDÉLABRE EN BRONZE

tige divisée en élégantes moulures circulaires au nombre
de onze; d'un disque évasé qui recevait la lampe et dont
les bords sont finement moulurés; d'une base en forme de
trépied dont chaque extrémité est ornée d'une patte de lion
enveloppée de feuilles d'eau retombant vers le sol et terminées par de petites boules.

La lampe, qui s'adaptait au support par le moyen d'une
petite pyramide creuse ménagée au-dessous de son bassin
et s'engageant dans une sorte de tenon pyramidal couronnant le support, est d'une grande richesse de décoration.
La longueur est de o m. 27 et la largeur, de o m. 09. Elle
pouvait être isolée de sa tige et utilisée sur une surface
plane. Largement ouverte en circonférence à sa partie supérieure, elle possède une anse articulée décrivant une longue
volute qui, au moment où elle s'élève pour se recourber
vers le bassin, se partage en deux branches divisées elles-
mêmes chacune en trois rameaux. Ceux-ci, en s'écartant de
la branche, se retournent aussi vers le haut en petites volutes terminées par un bourgeon. Deux de ces rameaux, en
s'écartant des branches, portent, entre leurs extrémités qui
remontent, une croix grecque du plus gracieux effet. (Colline au sud du Capitole.)

1904   STATUETTE DE JEUNE FILLE NUE, dont la tête et les pieds manquent, ainsi que le bras droit. Le bras gauche s'écarte du
corps et la main est posée sur la hanche. Les cheveux tombent dans le dos, sans dépasser le sommet des épaules, et
sont divisés en trois pointes. A été trouvée dans les déblais
d'une maison du Cardo (quartier nord-est).
Hauteur, o m. 08; largeur, o m. 03. Poids, 120 grammes.

1905   Très curieuse SERRURE. Largeur, o m. 08; hauteur, o m. 07.
Rosace à vingt-deux feuilles, mobile pour cacher le trou
d'une sorte de passe-partout. Deux autres entrées pour les
clefs, dont l'une rectangulaire, terminée par un demi-cercle
plus large que le rectangle, la base du demi-cercle étant opposée au dit rectangle. (Quartier nord-ouest.)

Très belle LAMPE. Poids, 1.400 grammes. Largeur, o m. 194;
longueur, o m. 19; épaisseur, o m. 05. Le corps de la lampe
dessine un demi-cercle allongé, percé au centre d'un trou
ressemblant à un trèfle. Les deux pointes du demi-cercle
prolongées prennent, en s'éloignant, la forme de moitié

d'octogones au centre desquels sont des trous qui laissaient passer des mèches. (Au sud des thermes nord-ouest.)

1905   BALANCE avec ses deux plateaux. Longueur du fléau, o m. 30; diamètre, o m. o8. Les plateaux sont un peu incurvés pour permettre d'y déposer des marchandises précieuses et tenant peu de place. (Même provenance.)

1906   Petit Dieu LARE, tête et buste monté sur un petit socle en bronze. Représente une femme coiffée en étoile rappelant les dieux lares des Gaules. Cet objet est muni d'un tenon permettant de le fixer dans un dé en pierre ou en maçonnerie. Hauteur, o m. 10; largeur, o m. 04; épaisseur, o m. 02. (Quartier industriel.)

TÊTE DE BÉLIER cassée au col. Longueur, o m. 05. (Même provenance.)

Deux SONNETTES amalgamées par le feu. Hauteur, o m. 045. (Même provenance.)

TRÉPIED DE LAMPE, bien conservé. Les branches coudées presque à angle droit s'aplatissent en forme de cœurs pour porter sur le sol. Entre les branches, ornement ressemblant à une feuille, terminé par une petite boule. Le haut du trépied est un fragment de tube destiné à recevoir un flambeau. Hauteur, o m. 05; largeur, o m. 22. (Même provenance.)

TAUREAU de très bonne facture. Poids, 300 grammes. Hauteur, o m. 09; largeur, o m. 85; longueur, o m. 24. (Même provenance.)

PATERA à manche (forme de la patera à libation) percée de trous. Devait servir de passoire. Diamètre de la patera, o m. 115; largeur du manche, o m. 95; longueur totale, o m. 20. Diamètre des trous, o m. 001. (Même provenance.)

BOUCLE DE CEINTURE avec, au revers, un demi-anneau pour laisser passer la ceinture. Au centre, rosace à six branches à jour; sur le pourtour, six ornements en demi-cercle; à l'une des extrémités, patte hémisphérique. Hauteur, o m. 11; largeur, o m. 075; épaisseur, o m. 005. (Même provenance.)

LAMPE gréco-byzantine, très bonne facture. Diamètre, o m. 10. Poids, 390 grammes. (Même provenance.)

Très beau SOCLE DE CANDÉLABRE à quatre pieds en forme de griffes d'animaux. Les pieds s'épanouissent en gradins dans leur partie supérieure et portent un plateau dont les quatre faces sont joliment moulurées; au-dessus de ce plateau, la forme circulaire du candélabre commence et s'amincit en montant; deux bagues superposées la couronnent. Hauteur, o m. 12; largeur, o m. 10. (Même provenance.)

Fragment de SCIE. Hauteur, o m. 06; largeur, o m. 10; épaisseur, o m. 005. Longueur des dents, o m. 045. (Même provenance.)

FEUILLE DE VIGNE avec sa tige courbée (sur la droite). Hauteur, o m. 10; largeur, o m. 07. Hauteur de la feuille seule, o m. 07. (Même provenance.)

MORCEAU DE CHAINE. Longueur des anneaux, o m. 03; longueur de la chaîne, o m. 12. (Même provenance.)

Très belle LAMPE à deux becs accouplés et séparés par un renfoncement demi-circulaire qui se répète sur les autres côtés des becs. Les contours de ces renfoncements et des becs eux-mêmes sont rehaussés par un filet saillant.
L'autre fraction de la lampe est libre de becs et d'ornements. Au centre, se trouve un rebord circulaire encadrant une partie plate percée de quatre trous dans lesquels on versait l'huile, et recouverte d'un couvercle libre en forme de gros bouton. Ce couvercle possède une saignée horizontale qui permettait de le manier facilement. Largeur, o m. 11; longueur, o m. 11. (Même provenance.)

Fragment de SCIE CIRCULAIRE détérioré par le feu. Diamètre intérieur, o m. 32; largeur, o m. 03; épaisseur, o m. 01. (Même provenance.)

Fragment de ROUE DE MACHINE dont le diamètre était de o m. 52, détérioré par le feu. Largeur, o m. 045; longueur, o m. 15. (Même provenance.)

Deux autres fragments paraissant provenir d'une ROUE DE MACHINE également abîmée par le feu. Longueur, o m. 14; largeur, o m. 04. (Même provenance.)

Deux ornements en forme de mascarons, creux en dessous, qui devaient être fixés sur un objet. Ces mascarons représentent des têtes de femmes coiffées de bandelettes pendantes. Hauteur, o m. 06; largeur, o m. 055; épaisseur, o m. 003. Creux de o m. 015; reliefs de o m. 017. (Maison au sud des petits thermes est.)

STATUETTE DE DIEU LARE, de bonne facture. Le bras droit est étendu; la tête, coiffée d'une couronne à trois pointes, portée

en arrière, avec le buste en avant. La jambe gauche légèrement en retraite.

Le bras gauche, coudé, s'appuie sur un socle et tient une
palme chargée de fruits. Hauteur, o m. 084; largeur,
o m. o5. (Quartier industriel.)

Joli VASE, de style grec, couronné par une moulure au talon
renversé, orné de raies de cœur. Cette moulure saillit assez
fortement sur le corps du vase qui est décoré, dans sa partie inférieure, de deux rangs superposés de feuilles de
laurier s'enchevêtrant les uns au-dessus des autres avec un
très faible relief. Au-dessus des feuillages, une bague limitée, haut et bas, par un mince filet, renferme un cours de
rinceaux.

Le vase est, de plus, porté par une tige circulaire moulurée,
dont le socle, également de forme ronde, est garni de petites
boules ornant la partie basse nettement évasée. Au-dessus
du socle, sorte de boule qui porte directement la tige, coupée par trois filets. Hauteur du vase, o m. 10; diamètre,
o.m. 10. Hauteur de la tige, o m. 17.

1907   PLAQUE DE CEINTURON. Dessins géométriques dressés à la
pointe. Hauteur, o m. o5; largeur, o m. o5; épaisseur,
o m. oo1. (Quartier nord-ouest.)

ANNEAU avec trois morceaux de chaîne y attenants. Diamètre
de l'anneau, o m. o3; longueur des maillons, o m. o2.
(Même provenance.)

TRÉPIED percé au centre d'un trou avec crochet sur le côté;
longueur, o m. 45; largeur, o m. 10; longueur des pieds,
o m. o8. (Monastère de l'ouest.)

1908   MONNAIE (moyen bronze). A l'avers, Julia Mamer, tête tournée à gauche. Au revers, Rome assise. S. C. (Senatus-
Consulte). (Quartier sud-est.)

EPINGLE A CHEVEUX. Longueur, o m. o7. (Quartier nord-est.)

Fragment de MIROIR. Diamètre, o m. o7. (Quartier sud-est.)

Fragment de BRACELET ou d'objet similaire portant gravée
l'inscription:

EX   OFFICI

FVCASS

Hauteur, o m. o8; largeur, o m. o6. (Monastère de l'ouest.)

SOCLE DE CANDÉLABRE, VASE ET LAMPE

EN BRONZE

Anse de vase se terminant par un pied de cheval recourbé. Bonne facture. Longueur, o m. 18. (Même provenance.)

Tête de cheval, creuse à l'intérieur, servant, dans l'antiquité, de goulotte. Longueur, o m. 20; circonférence, o m. 25. (Même provenance.)

Petite frise décorée de feuilles de vigne et de grappes de raisin s'alternant dans le sens de la longueur de la frise. Largeur, o m. 09; longueur, o m. 22. (Même provenance.)

Pince. Longueur, o m. 10; largeur, o m. 005. (Même provenance.)

Pied de vase cylindrique avec rondelle dans le bas, en forme de rosace. Hauteur, o m. 05; diamètre, o m. 10. (Même provenance.)

1909   Récipient forme gargoulette; la partie inférieure manque. Hauteur, o m. 10; circonférence, o m. 40. (Même provenance.)

Fragment de claustra. La forme est une sorte de carré curviligne (la courbe se portant vers l'intérieur du carré). Le milieu est vide, les côtés ont o m. 03 de largeur. Les quatre angles s'évasent et atteignent une largeur de o m. 05. Une sorte de tenon est disposé à la partie inférieure du carré curviligne et a une branche de o m. 06 de long. Le poids est de 2 kilos 430. Hauteur, o m. 17; largeur, o m. 17; épaisseur, o m. 02. (Même provenance.)

Monnaie de moyenne grandeur bien conservée (Antonin). Au revers, un guerrier marchant à droite, une lance à la main droite et, dans la gauche, un bouclier. (Quartier du nord-est.)

Stylet attaché à un fragment de chaîne; longueur totale, o m. 21. (Grande basilique nord.)

Plusieurs milliers de monnaies de diverses grandeurs; les unes sont frustes, d'autres sont agglomérées en grande quantité par le feu; les empereurs le plus souvent représentés sont: Tibère, Trajan, Gordien III, Maxence, Constantin, Constance, etc.

Objets divers tels qu'anneaux, stylets, bracelets, clochettes, cuillers, épingles à cheveux, clous, anses de vases, couvercles, crochets, boucles, aiguilles, soucoupes, jetons, clefs, plats, curettes chirurgicales et autres, vases, poids, spatules, bagues, etc.

PLOMB

1903   Tuyau avec plaque d'attache à la chambre d'eau. Cette plaque est de forme rectangulaire. Dimensions, o m. 20 × o m. 25. Longueur du tuyau, o m. 60; diamètre intérieur, o m. 07. (Quartier nord-est.)

    Contrepoids pour fermeture de porte. Au centre, anneau de o m. 11 de diamètre. (Même provenance.)

1904   Tuyau avec deux branches. Longueur, 2 m. 50 jusqu'aux branches et 1 m. 20 de chaque branche. Diamètre du tuyau, o m. 09; diamètre de chaque branche, o m. 06. (Près les grands thermes sud.)

1905   Deux feuilles reliées (trouvées dans une maison du quartier nord-ouest) provenant probablement d'un cercueil. Poids, 90 kilos; largeur, o m. 68; longueur, 1 mètre.

1908   Plat. Diamètre, o m. 32. (Monastère de l'ouest.)

    Disque. Diamètre, o m. 18. (Même provenance.)

1909   Contrepoids de porte. Hauteur, o m. 05; largeur, o m. 07. (Même provenance.)

    Contrepoids de porte cerclé de bronze. Hauteur, o m. 08; largeur, o m. 05. (Même provenance.)

CUIVRE

1906   Récipient. Hauteur, o m. 14; diamètre, o m. 30; creux de o m. 13. (Près le Capitole.)

    Clef en forme de bague. Longueur, o m. 03. (Même provenance.)

    Anse de vase. Hauteur, o m. 10; largeur, o m. 10; épaisseur, o m. 002. (Même provenance.)

    Stylet. Longueur, o m. 13. (Quartier industriel.)

    Fragment d'une corne de cerf. Longueur, o m. 07. (Même provenance.)

    Partie inférieure d'un petit vase. Diamètre, o m. 155; épaisseur, o m. 005. (Même provenance.)

OS

1903   Une centaine d'ÉPINGLES dont quelques-unes avec têtes orne-
        mentées. (Quartier nord-est.)

———

1904   Lots d'ÉPINGLES avec têtes ornementées. ·
        Lots d'ÉPINGLES simples. Environ soixante-dix. (Quartier
        nord-est.)
        Quatre DÉS A JOUER. (Même provenance.)
        BOUTONS. (Même provenance.)

———

1905   Lots d'ÉPINGLES. (Thermes dits du marché de Sertius.)
        DÉ A JOUER. (Même provenance.)
        APPLIQUE travaillée: Caryatide à tête de femme. Hauteur,
        o m. 09; largeur, o m. 02. Très joli travail. (Quartier nord-
        ouest.)

1906   Lots d'ÉPINGLES. (Thermes nord-ouest).

———

        Lots d'ÉPINGLES. Longueurs, o m. 06, o m. 07, o m. 08,
        o m. 10. (Boulevard nord et quartier industriel.)
        Une ÉPINGLE A CHEVEUX avec le bout recouvert d'une mince
        feuille d'or. (Quartier industriel.)
        Deux ALABESTER, vases de petites dimensions pour renfermer
        des parfums. Longueur, o m. 10; diamètre, o m. 03.
        (Même provenance.)
        BOUTONS. Diamètre, o m. 02. (Même provenance.)

———

1907   Lots d'ÉPINGLES. (Faubourg nord-est.)
        Petite APPLIQUE représentant le buste d'une femme. Facture
        médiocre. (Même provenance.)
        MANCHE avec dessins (filets circulaires). Largeur, o m. 008;
        longueur, o m. 07. (Même provenance.)
        TUBE avec trois filets circulaires. Longueur, o m. 13; lar-
        geur, o m. 03. (Même provenance.)

———

1908   Lots d'ÉPINGLES. (Quartier sud-est, monastère de l'ouest.)
        MANCHE D'USTENSILE. Longueur, o m. 14; diamètre, o m. 01.
        (Monastère de l'ouest.)

Boutons de vêtements; diamètre, o m. 025 avec décoration de pastilles. (Même provenance.)

Boutons de vêtements; diamètre, o m. 04. (Même provenance.)

1909   Lots d'épingles et de boutons. (Monastère de l'ouest, grande basilique nord, fouilles au sud du Decumanus ouest.)

IVOIRE

1903   Fuseau de quenouille. Les deux pointes sont encore très vives. Longueur, o m. 09; épaisseur, o m. 01. (Quartier nord-est.)

1907   Epingle a cheveux. Longueur, o m. 11. (Même provenance.)

STUC

1906   Quarante-six fragments de stuc polychromé en rouge, vert, jaune, lie de vin, bleu de ciel. Dimensions variables de 3 à 7 centimètres de largeur. (Mamelon à l'ouest du Capitole.)

Cinq fragments avec dessins de 2 à 5 centimètres de largeur. (Même provenance.)

1907   Fragments divers portant des dessins (palmes, feuillages). Morceaux de 4 à 5 centimètres de hauteur sur autant de largeur. (Monastère de l'ouest.)

Fragment figurant une pomme de pin. Hauteur, o m. 07; largeur, o m. 06; longueur, o m. 10. (Même provenance.)

Fragment représentant une grappe de raisins. Hauteur, o m. 06; largeur, o m. 05; longueur, o m. 10. (Même provenance.)

Fragment avec filet décoratifs. Hauteur, o m. 09; largeur, o m. 17; longueur, o m. 20. (Même provenance.)

Morceau ajouré formant grappe de raisins. Hauteur, o m. 11; largeur, o m. 08; épaisseur, o m. 05. (Même provenance.)

VERRE

1904   Petites anses de vases; fragments divers.

Lot considérable de verres fondus par l'incendie. (Quartier nord-est.)

1905   Lot très important de morceaux de vases, coupes, etc. Quel-
       ques-uns polychromés ou dorés. (Quartier nord-ouest et
       thermes nord-ouest.)

1906   Lots de verroteries. (Quartier industriel, mamelon à l'ouest
       du Capitole.)

       PETITE TÊTE D'HOMME. Hauteur, o m. 015; largeur, o m. 002.
       (Quartier industriel.)

       COL D'AMPHORE cassée. Hauteur, o m. 10; largeur, o m. 002.
       épaisseur, o m. 002. (Même provenance.) ,

       Fragment de VASE avec ornements. Hauteur, o m. 065; lar-
       geur, o m. 075; épaisseur, o m. 004. (Même provenance.)

       Deux COUVERCLES. Diamètres, o m. 004 et o m. 006. (Même
       provenance.) ·

       Deux fragments de VERRE POLYCHROME. Longueurs, o m. 04
       et o m. 06. (Même provenance.)

1907   COUVERCLE en pâte de verre bleu. Hauteur, o m. 032; largeur,
       o m. 004. (Quartier nord-ouest.)

1909   BOUTONS DE VÊTEMENTS. Diamètre, o m. 025. (Monastère de
       l'ouest.)

BIJOUX

1903   Ravissante TÊTE DE LIONNE en cornaline veinée de vert et de
       jaune. Dessin extrêmement fin. Pièce de premier ordre.
       Longueur, o m. 35; hauteur, o m. 15. (Quartier nord-est.)

       PETITE PYRAMIDE à arêtes curvilignes en émeraude. Objet in-
       tact et finement taillé; est certainement de grande valeur.
       Hauteur, o m. 025; largeur, o m. 015. (Même provenance.)

       CAMÉE sans gravure. Couleur indécise. (Même provenance.)

       PETIT CACHET en verre fondu; figure effacée en partie. Dia-
       mètre, o m. 015. (Même provenance.)

       BRACELET EN CUIVRE orné de trous sur deux rangs. Hauteur,
       o m. 05; diamètre, o m. 06. (Même provenance.)

       Lot de colliers, bracelets, bijoux divers. (Même provenance.)

1904   BROCHE en verre imitant un masque. (Quartier nord-est.)

       Grosse PERLE BLANCHE en verre bien taillée. (Même prove-
       nance.)

Quatre BAGUES, dont deux gravées. L'une représente un oiseau; l'autre, une tête. (Même provenance.)

Lots de BAGUES ordinaires. (Même provenance.)

Très belle BAGUE. C'est une chevalière en argent sertissant une cornaline elliptique qui porte en intaille le Dieu Pan. Elle a été découverte dans une maison du quartier nord-est, sur le Cardo. Son poids est de 7 grammes et son diamètre de o m. 025. La largeur sous le chaton est de o m. 012. La pierre gravée a o m. 011 de longueur et o m. 008 de largeur. Elle n'a aucunement souffert de l'incendie qui a détruit l'immeuble, tandis que le métal de l'anneau a été fortement calciné.

Le Dieu Pan est représenté debout, avec des cornes sur le front, une couronne de feuillages sur la tête, une barbe tombante et des jambes de bouc, attributs ordinaires du dieu des bergers et de la chasse. Un manteau est enroulé autour de son bras, et il est facile d'y reconnaître une peau de panthère. La main droite du personnage est ramenée vers le visage et porte la flûte à sept chalumeaux. La gauche tient le bâton recourbé habituel.

Cette pierre est la plus belle qui ait été trouvée à Timgad.

1905   FIBULE en bronze. Hauteur, o m. 07; largeur, o m. 04. En bon état. (Quartier nord-ouest.)

Très joli BIJOU byzantin: Fibule en bronze, en forme d'étoile à six branches, dont chaque pointe se termine par un cercle rouge émaillé. Au centre, cercle d'émail blanc. Les six losanges qui partent du centre pour atteindre les pointes sont alternativement d'un émail bleu ou rouge. Une des pointes seule est cassée. Au revers, se trouve la fermeture de l'agrafe (tige droite). La plus grande dimension est de o m. 003. (Même provenance.)

INTAILLE RONDE (o m. 01 × o m. 01) représentant un jeune homme à la tête coiffée d'un bonnet. Le bras droit est étendu presque verticalement. La jambe droite est aussi dans la direction verticale, alors que la gauche est coudée avec la pointe du pied en bas. De la main gauche, le personnage porte un plateau chargé de fruits; de la droite, des gerbes de fleurs. (A l'ouest des thermes des Filadelfes.)

INTAILLE OVALE. Largeur, o m. 011; hauteur, o m. 009. Cavalier armé, au galop, tenant une arme de la main droite. Le bras gauche coudé tient les rênes. Il se retourne à la manière des cavaliers berbères; il passe au milieu des champs. (Entrepôt.)

BRACELET sans dessin (cuivre). Diamètre, o m. o5.

ANNEAU (cuivre). Diamètre, o m. o35; épaisseur, o m. oo4.

BAGUE (cuivre). Diamètre, o m. o3; largeur, o m. o4.

BAGUE (cuivre). Diamètre extérieur, o m. o3; diamètre intérieur, o m. o2. (Quartier industriel.)

Lot de dix-sept PERLES. Diamètre moyen, o m. oo4; une, de o m. oo2. (Quartier industriel.)

BAGUE en argent, sans inscription. Diamètre, o m. o1; épaisseur, o m. oo2. (Mamelon à l'ouest du Capitole.)

1907   PETITE INTAILLE en cornaline enchâssée dans un chaton de bague cassée. Sujet peu apparent. Largeur, o m. oo3; hauteur, o m. o2. (Quartier nord-ouest.)

PERLE DE COLLIER (verre). Circonférence, o m. o2. (Monastère de l'ouest.)

1908   Deux PERLES (verre). Diamètre, o m. o1. (Même provenance.)

Fragment de BRACELET en argent. Diamètre, o m. o5; épaisseur, o m. oo3. (Même provenance.)

1909   BAGUES en bronze sans ornements. (Même provenance.)

Petite OLIVE EN BOIS recouverte d'une feuille d'or. Largeur, o m. o2; épaisseur, o m. oo7. (Au sud du Decumanus ouest.)

Très jolie INTAILLE en cornaline représentant une tête de Cérès avec profil regardant à droite. Longueur, o m. 15; largeur, o m. o12; épaisseur, o m. oo9. (Même provenance.)

MONNAIES D'OR

1907   MONNAIE bien conservée de l'empereur Valentinien (321-375). . Diamètre, o m. 21; épaisseur, o m. oo1.

A l'avers, tête couronnée de l'empereur.

En exergue, sur fond de grenetis :

D   N   VALENTINIANVS   P   P   AVG

D(ominus) N(oster) Valentinianus p(ater) p(atriæ) Aug(ustus).

Au revers, l'empereur debout, regardant à droite, tient de la main droite le labarum surmonté de la croix; dans la main gauche, le bras étendu, un globe. Au-dessus, un génie.

En exergue :

RESTITVTOR REIPVBLICAE

également dans un grenetis circulaire. Marque de frappe et d'atelier : ANTH. (Monastère de l'ouest.)

Monnaie d'Honorius (395-423). Diamètre, 0 m. 021.

A l'avers, tête de l'empereur.

En exergue :

D N HONORIVS P AVG

D(ominus) N(oster) Honorius p(ius) Aug(ustus).

Au revers, l'empereur tenant le labarum, le pied gauche sur un ennemi vaincu et à terre.

En exergue :

VICTORIA AVGGG

(Même provenance.)

———

Tous ces objets ont été catalogués par le conservateur, M. Rottier, et figurent dans les vitrines du Musée (1) ou le long des murs extérieurs de ce bâtiment.

§ IV

MUSÉE

A la suite de la découverte de nos mosaïques qui, on le sait, ne peuvent rester exposées aux intempéries sans être perdues par l'humidité et la gelée au bout de peu de temps, il nous a fallu construire, en 1903, une salle nouvelle pour le Musée, afin d'y installer non seulement les mosaïques découvertes au cours de cet exercice, mais aussi celles dont nous n'avions pu encore trouver la place.

(1) Cf. *Catalogue illustré de Timgad*, par MM. René Cagnat et Albert Ballu. E. Leroux, éditeur, Paris, 1903.

Le beau dallage de l'œcus de la maison dite « de la piscina » (au sud-est de l'arc de Trajan) était de ce nombre. Comme il mesure 6 m. 80 sur 6 m. 20, il a fallu prendre cette dernière dimension comme hauteur pour la nouvelle salle du Musée, longue de 8 mètres sur 3 m. 50.

En plus de cette mosaïque, nous avons plaqué, sur les murs de la salle, les dallages de la maison située à l'angle du Decumanus Maximus et du Cardo nord, à l'est de ce dernier, représentant des masques de théâtre, torsades, triomphe d'une Néréide; ceux de la maison voisine (en face la maison aux jardinières) figurant des oiseaux; la belle mosaïque des Filadelfes avec les ornements qui l'encadrent; celle de la grande salle des petits thermes du centre représentant les saisons et une série d'animaux (1); une autre provenant d'une pièce voisine de cette salle; celle des latrines demi-circulaires des thermes des Filadelfes avec dessin en forme d'éventail; les trois petites mosaïques de seuils des thermes nord-ouest (2); l'inscription funéraire de Gétula; le dallage de l'alveus en hémicycle du premier caldarium; enfin ce qui restait du pavement des latrines des grands thermes sud où l'on voit un quadrupède aboyant et des fragments d'enfants et de poissons.

De plus la nouvelle chambre du Musée a été pavée avec une mosaïque qui dallait le vestibule d'une des maisons déblayées au nord du Decumanus Maximus, de telle sorte que le sol et les quatre parois verticales de la salle sont entièrement couverts de mosaïques dont l'effet est des plus décoratifs.

Par suite de la construction de la salle (3) ci-dessus mentionnée et d'un cabinet-bibliothèque (4) y attenant, la superficie ajoutée au Musée était, en 1903, de 45 mètres, dont 36 pour la salle et 9 pour la petite bibliothèque. Mais, dès 1906, il fallut songer à de nouveaux agrandissements et nous dûmes, en prolongation des premières galeries, établir deux nouvelles salles: l'une de 13 mètres, l'autre de 7 mètres de longueur sur une largeur de 3 m. 50.

(1) *Les Nouvelles Découvertes de Timgad*, par A. BALLU, page 66.— *Journal officiel* du 20 décembre 1896, p. 6950. — *Une cité africaine sous l'empire romain*, par R. CAGNAT et A. BALLU, pages 260-261.

(2) Celle du nègre, à cause de la représentation phallique, n'est montrée aux visiteurs que sur leur demande expresse.

(3) A l'intérieur cette salle mesure 3 m. 50 sur 8 mètres.

(4) Le plan général des fouilles de Timgad, dressé par nos soins, y est exposé.

Notre Musée comprend donc actuellement:

1° Une salle, à l'entrée, de 3 m. 50 sur 3 m. 50, garnie exclusivement de vitrines;

2° Une seconde, à la suite, de 3 m. 20 de long, aménagée de la même façon;

3° Une longue galerie (16 m. 50), contenant au milieu des vitrines en forme de pupitre, et garnie entièrement de mosaïques plaquées sur ses murailles;

4° Un petit cabinet-bibliothèque, ainsi qu'il a été dit plus haut;

5° La salle construite en 1903, avec vitrine centrale ainsi que mosaïques disposées sur les murs et sur le sol;

6° Salle de 13 mètres, installée comme les précédentes;

7° Salle de 7 mètres,   »   »   »

La largeur de toutes ces pièces est uniformément de 3 m. 50.

En 1907, nous avons opéré, dans la salle de 13 mètres, la pose des mosaïques de dallage de la maison du quartier sud-est de la cité, décrite pages 87-90. Ces mosaïques sont au nombre de quatre:

I. Celle du tablinum fort belle de dessin et intacte;

II. Le fragment mis au jour dans la pièce faisant suite à l'atrium;

III. La mosaïque de la salle au sud de la précédente;

IV. Le pavement de la chambre située dans l'angle sud-ouest de la maison.

En 1908, nous avons placé la mosaïque de Vénus Anadyomène (pages 92-93). Le travail ne fut pas exécuté sans difficulté, car cette mosaïque avait o m. 60 de hauteur de plus que la salle. Il nous a donc fallu user d'un moyen spécial et établir une voussure dans la partie supérieure du mur pour pouvoir plaquer les cubes sans solution de continuité et sans angle rentrant; l'opération réussit grâce à l'emploi du ciment armé.

Nous avons également enlevé le petit médaillon en mosaïque (1) traversant l'atrium de la maison où était le tableau de Vénus (femme tenant un coffret). Il est actuellement au Musée.

(1) Voir page 93.

En 1909, toujours dans la nouvelle salle de 13 mètres, nous avons installé le tableau trouvé dans la deuxième insula de la troisième rangée du quartier nord-ouest (page 71) et représentant une déesse marine.

Enfin, vu ses faibles dimensions, le jeu en mosaïque (1) trouvé dans les balineæ de l'habitation voisine du marché de Sertius, a été posé sur une des parois de notre petit cabinet-bibliothèque.

Tel est le résumé des travaux de fouilles effectués de 1903 à 1909 inclusivement. Nous espérons que le gouvernement général de l'Algérie, en présence des résultats obtenus, n'hésitera pas à nous permettre de poursuivre nos recherches et consacrera pendant quelques années encore les crédits nécessaires au complet déblaiement des ruines de la célèbre Thamugadi.

(1) Voir page 97-98.

TABLE DES MATIÈRES

CHAPITRE V

CHAPITRE VI

CHAPITRE VII

PLANCHES HORS TEXTE

ET PLANS

PAGES